97
台灣地理百科

# 台灣的農村

Taiwan

湯曉虞◎著

walkers
遠足文化
Walkers Cultural

# 推薦序

　　湯曉虞先生新著《台灣的農村》，是他累積多年實際工作的經驗記錄。他寫下的是他喜歡的點滴工作，無數次北上南下、奔波各地農村的帶汗歡笑。喜的是好像做了一點兒事，日子沒白過；沒辜負老爸的教誨、國家社會的栽培，沒白領納稅人給的薪水。累的時候，也覺得是應該的。

　　除了傳承自父親的家學外，他先後服務於前經濟部農業司、農業局，行政院農業委員會林業處保育科、水土保持科、水土保持局等。自基層起步，分別擔任過科長、副處長、副局長等職，主持自然保育、野生動物保育、地景保育、農村規劃等業務。現今轉任農業委員會特有生物研究保育中心主任一職。任職公務期間，他勇於承擔責任，一步一腳印，踏出了無數條開創性的道路。三十載風塵僕僕，歷經春夏秋冬、甜酸苦辣，有起有落。他體認到任職公務機關，仍有貢獻己力的可能性；他肯定投入能換來奉獻的機會和日增的智慧銀髮。

　　「台灣的農村」是我們的根。是我們賴以成長茁壯的起點。農委會為建構農村新生活圈，營造農村新風貌，於89年11月公告「農村新風貌」計畫，期望透

過農村居民及地方政府自主性的共同參與，落實農村聚落重建，改善農村生活環境，協助建構農村新生活圈，塑造農村新風貌特色。「農村新風貌」計畫強調農村聚落應具有與自然景觀協調的綠色特色，以及農村社區應在綠帶間構成活性化的生活圈理念，期望能建構具有富裕外觀、美好與衛生的環境、舒適便利的住宅、井然有序的交通，以及適切的公共設施之現代化農村；並且創造農村經濟力，改善村民工作與生活條件，均衡農村與都市之發展，縮短城鄉差距，建立現代化農村新生活圈。最終是建設富麗農村，謀求改進農業生產、農民生活及農村自然生態、維護和諧的環境景觀，並維護農村風貌與文化。

這就是湯曉虞先生任職水土保持局副局長時期的任務，也就是本書報導的主要內容。全書分為五章，分別是總論、傳統的農村，社區總體營造下的農村、重建再生的農村，以及休閒農業的農村。

路！是人走出來的，這條路我們還要一起走下去。

台灣大學地理環境資源系教授

王鑫

# 作者序

　　雖然從小生長於台北市區，但當時辛亥路至台灣大學一帶都是農田及實驗農場，每當農忙時，喜歡到田裡幫忙踩水車、抓泥鰍；農閒時，則與鄰居小朋友玩騎馬打戰、丟泥巴、紮稻草人等遊戲，以及在老榕樹下喝茶聽長輩講古……隨著都市開發，農田不見了，只留下這些美好回憶。

　　直到服兵役時，於農忙收割時幫忙割稻，由於不知如何握稻，左手中指還被鐮刀從中切割，真是十指連心，其痛無比。不過，熱心的農民每天都準備五餐豐富的食物及點心慰勞阿兵哥，軍民相處融洽，令人回味。後來從事公職，第一次出差至屏東，剛下公車時，迎風吹來陣陣稻香，使我情不自禁的深深的吸了好幾口，捨不得離開，也因此愛上了農村。

　　由於工作的關係，需經常到全省各地出差，發現台灣的農村缺乏具有前瞻性、完整性、永續性的發展藍圖，且缺乏強而有力的法源依據，來作為推動農村發

展的基本動力。同時，農民尚無法接受新觀念，也缺乏整體作戰力。

　　因此本書分別介紹「傳統的農村」、「社區總體營造下的農村」、「重建再生的農村」、「休閒農業的農村」這四大農村類型，可以看出在政府不同部門的協助下，農村走向現代化，但也不失原有風貌的過程。至於未來農村的發展，不但是農業生產主要區域、農民安居樂業的場所，並具有生物多樣性的環境，更將成為民眾休閒旅遊的好去處。

　　本書能順利完成，要感謝許多不願具名的好友提供資料及照片，以及遠足文化出版社幾位編輯的費心，在此表示敬意並謹此申謝。同時由於匆促出版，資料掌握有限，尚請見諒及不吝指正。

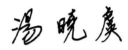

# 台灣的農村 目錄

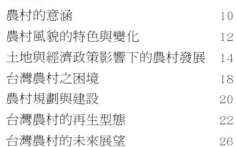

## 參、社區總體營造下的農村

## 肆、重建再生的農村

## 伍、休閒農業的農村

# 總論

隨著全球化工業發展之趨勢，
以農業為經濟發展起點的台灣，
不斷遭受衝擊，農村的面貌及內涵意義亦不斷演變。
從傳統農業到現代休閒農業，從地震災害到重建再生，
為因應現代化潮流，同時兼顧農村生態與文化，
台灣農民走過辛勤耕耘的歲月。

# 農村的意涵

## 農村之定義

　　傳統的農村為村民生產糧食與生活的共同體，村民大都以農業生產為主要工作，或者依賴與自然及土地有關的產業維生，每天日出而作、日落而息，只有遇到天候不佳無法工作、或者過年過節才休息。因此，農村不僅是農民從事生產活動的地方，同時也是農民與其他非農民生活的空間，以及從事社會文化與宗教活動的場所。傳統農村社會在產業結構上以農業生產為主，在職業結構上則是指以農民為主的人口聚落或地理區位。

## 農村概念之轉換

　　隨著工商業快速成長，農村地區及務農人口的數量及地理分布，均大幅減少，而「農村」的概念亦趨

自從農業機械化之後，牛的角色也跟著改變，目前在台灣中北部已不太能見到牛車。圖為新竹南埔村牛車體驗之旅。

模糊，地理範圍也難以界定。不過，現代的農業發展已逐漸強調生產、生活及生態的「三生」的概念，形式上也日趨多元化，農業生產活動已不是農村居民維持生計活動的唯一選項，尤其，近年來於農村地區經營休閒旅遊或服務業，有逐漸凌駕傳統農業生產的趨勢。

就空間上來說，過去僅有都市與非都市土地之區別，也未曾對農村地區明確定義，因此，當探討台灣的農村時，經常代表的是行政上被指定為非都市地區，包含提供住居功能之農村聚落，以及提供生產之農田、魚塭和山林，也同時含括了尚未被開墾的低海拔原野。

非都市地區，包含提供住居功能之農村聚落，提供生產之農田、魚塭和山林，以及尚未被開墾的低海拔原野，皆屬於農村之範圍。

# 農村風貌的特色與變化

## 區塊特性之變化

台灣在民國50年以前，農業為主要的產業，也是當時經濟發展的重心，當時農業之國內生產總值(GDP)占全國將近30%；然而進入民國90年以後，農業之國內生產總值剩下不到3%，在這樣的產業變化之下，農村的風貌也隨之改變。

在區塊特性上，雖然自然的山形、河川溪谷、產業農作區仍維持其架構，不過，原生植被種類的數量急遽減少，聚落規模擴大，邊緣林帶面積減少，作物種類也隨之變化。由於耕作方式的改變與機械化的影響，高經濟價值作物逐漸成為趨勢，有機與休閒農業的農作方式應運而生。

## 線性空間特性之變化

線性空間特性上，聯外道路的路幅逐漸拓寬，以合乎車輛通行之外，道路鋪面的材質也由沙土演進成柏油路面；橋梁由於材質的進步與新式工法引進，從傳統的水泥橋演變為鋼構及景觀橋梁；農田階地、河道、灌溉水圳也逐漸人工化及水泥化。

南埔橋是大部分南埔人出入必經之地，一百多年來，從竹橋、鉛線橋、水泥橋，直到今日具現代感的鋼結構大橋（最右圖），轉換了多種的面貌，伴隨南埔人的成長。右圖則為南埔橋改建成水泥橋竣工時，由天主堂的神父帶領大家一起漫步其上。

此外，由於農村都市化的結果，宗教設施或祠堂等傳統建築物逐漸減少，農村的聚焦點逐漸被遊客中心、民宿設施、特色餐廳、休閒遊憩據點等所取代，而傳統的聚落公共祭祀空間、樹下空間或聚會所之設施材質，也由傳統式磚造演變為現代混凝土式建築。

## 聚落形態之變化

從農村聚落的型態來看，台灣的農村大致上以濁水溪為界線，北部大多屬於散居型，南部則以集居型為大宗。根據日人富田芳郎於昭和8年(1933)所作之研究，台灣早期移民開墾階段，其聚落的形成與大陸移民開墾有密切關係。當時移民初到台灣，平地都是蕃人(日人對「居住於未開墾蕃地」之台灣人的稱呼)所居住，而未開墾的荒地也都有蕃人的聚落分布其中，雖然移民與蕃人雜居同化，不過也時常傳出衝突。因此，為了防衛必要，人們經常聚集而居，並在聚落周圍築土牆或圍籬，甚至在漢蕃相接之地實施土牛溝線、隘丁制度，作為防禦界線。

傳統看天吃飯，以人力獸力耕作的方式（上圖），現今已隨著機械化及觀念改變，有機與休閒農業的農作方式應運而生，左上圖為水耕蔬菜溫室。

此外，由於不同的移民之間，也有可能因為鄉籍不同而出現爭執，因此，同鄉們經常共同居住，並根據所劃分的地界，運用大陸攜帶過來的農具從事開墾。此種基於墾植效率和安全防禦之考量，所發展出來的集村居住方式，即是台灣農村聚落形成的主要原因。

# 影響下的農村發展
## 土地與經濟政策

農村發展所涉及之層面與議題廣闊，尤以「國家空間政策」與「經建政策」兩項幾乎主導了農村發展型態的演變：

### 民國30年代，自耕農增加

台灣早期為了落實平均地權，落實民生主義扶植自耕農，所推動一連串之土地改革，包括三七五減租、耕者有其田、公地放領、農地重劃等，使得台灣農村在結構上產生極大的變革，打破光復前之租佃制度，造就了數十萬的小資產階級，在當時以農業為主要經濟重點之台灣，上述政策確實使得廣大農民及國家經濟獲得極大改善。不過，在空間上卻也使得台灣的農業逐漸走向小面積經營之必然。

從這張南埔村老照片，可一窺30年代台灣農村的景象。

在田間玩耍的農村情景，現在的小朋友，尤其是住在都市者，大概已經很難想像了！

## 民國40年代，農業勞力人口轉向工業

民國40年以降，政府陸續推動「進口替代」及「出口擴張」等政策，致力發展工業，大量的社會資源由農村地區轉移至都會地區，工業迅速發展，也造成大量農業勞力人口移向其他產業，使得農業所得下降；長期「農業扶植工業」之政策推動下，農業產值更於民國58年開始出現負成長。

## 民國60年代，非農使用地增加

進入民國60年代，台灣歷經了外交孤立及兩次石油危機的衝擊，政府工商發展與農業發展兩部門競爭更見激烈；尤其〈獎勵投資條例〉之推動，在空間上，使得「非農業使用」的土地大量在農村地區蔓延，同時也將山坡地、河川地及海埔新生地等邊際土地開發為耕地，改變了台灣農村風貌的空間內涵。在追求經濟成長及現代化過程中，偏重於都市發展的策略，導

民國60年代，在政府〈獎勵投資條例〉的鼓勵之下，將山坡地、河川地及海埔新生地等邊際土地開發為耕地，開始改變了台灣農村風貌之空間內涵。圖為闢設於中海拔山城——嘉義梅山鄉瑞里村之茶園景色。

致了城鄉發展的失衡，這樣的偏差，也使得都會地區與農村地區生活水準產生極大落差。

## 民國70年代，推動區域均衡發展政策

在驚覺城鄉發展失衡之同時，經濟建設委員會於民國70年代開始積極推動區域均衡發展政策。儘管如此，由於高科技導向的發展，民國80年代之後，台灣城鄉所得及競爭機會不均的狀態卻更趨嚴重。

整體來說，在特殊國情的歷史背景下，台灣農村發展一直處於被動狀態，也就是說，它其實是依附在「都市發展」或「工業發展」二元對立發展思維下的產物；所幸在「永續發展」概念受到世界各國重視之下，擁有龐大自然資源與國土面積的農村地區，已逐

漸受到政府之重視。除此之外，為解決台灣現行土地規劃與管制機制紛亂問題，建構實質規劃建設與土地管制相結合的國土規劃體制，研議已久的〈國土計畫法草案〉亦如火如荼推動中。過去界定於都市土地與非都市土地之管理方式，勢將受到極大衝擊，進而導致現有農村發展方式隨之改變；然而，這也正提供廣大農村地區全新再造之契機。

　　觀古鑒今，農業建設政策與空間政策影響農村地區發展甚鉅，面對永續發展的潮流，如何結合全方位的農村發展政策，合理規劃未來農村地區，持續落實生產、生活及生態之「三生」理念，並配合國土計畫所揭示之各功能分區指導機制，在發展區位與發展策略上，作適度調整或配合，以引導未來農村發展方向，實為重要議題與工作。

未來農村的發展，不但是農業生產主要區域，也將成為民眾休閒旅遊的好去處。

# 台灣農村之困境

因應全球資本主義盛行及科技發達的時代，台灣在高度工業化社會的今天，農村的角色與功能逐漸改變，農業不再是農村就業與所得的主要來源。因農村就業機會缺乏、公共設施不足與建設落後，導致農村人口外移，區域發展失衡，逐漸呈現老化衰退與凋敝的景象；再加上靠天吃飯的農業，受到全球氣候變遷暖化的影響，以及外國進口農產品衝擊，使得農產品產銷失衡，導致農業資源低度利用、閒置或農地不當變更使用，更甚者使農村環境生態遭受嚴重破壞，逐漸脫離其原有具生產力、活力及吸引力的面貌，甚至連純樸的氣氛都消失了。

台灣農村社會經濟活力的下降，主要肇因於政府農業部門面臨內、外部環境變遷的挑戰：

## 內部政經環境的挑戰

由於政經環境之改變，農村青年人口嚴重外流，致使台灣大多數農村人口出現高齡化現象。圖為花蓮縣萬榮鄉紅葉村裡的老人與幼兒。

就台灣本身政經環境的挑戰而言，一方面，農業部門的萎縮與農業結構的轉型，造成農業產值、農業就業人口、農業進出口與糧食自給率均呈現下降的趨勢，繼而引發農村青年人口持續外流與農村高齡化現象（民國95年，農業就業人口約五十五萬五千人，其中65歲以上的農民就占16％）；另一方面，政府長期以來偏好都市的政策決策模式，也加速城鄉差距之擴大；諸如農民生活水準相對偏低、所得不平等（農家平均每人年所得與非農家每人所得之比率，均在68％以下）、就業機會缺乏與失業問題、農村貧窮惡化，以及人口分配不均等問題。整體而言，農村建設無論在文化、交通、醫療、育樂

等設備與品質方面，均較都市不足且缺乏。

## 外部WTO的衝擊

其次，就外部環境挑戰而言，WTO(World Trade Organization，世界貿易組織)的農業市場自由化浪潮，使台灣農業貿易競爭力遭遇極大衝擊，進而導致農村地區結構重組的新隱憂。特別是台灣於民國91年正式成為WTO第一百四十四個成員國之後，在調減關稅、開放市場與削減農業補貼等規範的限制下，國產農產品面臨了更大的競爭壓力；尤其原本採管制進口或限制地區進口措施的稻米、花

在WTO的全球化競爭壓力之下，如何提振農村的社會、經濟與環境活力，已成為當今台灣農村發展刻不容緩的課題。

生、糖、雞肉、鯖魚等四十一種農產品，所受影響程度既速且大。

在農業產業結構尚未來得及調整因應前，台灣的農業生產、農村生活與農民生計，即已遭受前所未有的衝擊。以往不曾發生的農民失業現象，因WTO的全球化競爭壓力，已在台灣農村社會蔓延開來。基此，台灣農村發展所面臨的最大課題，在於缺乏具有前瞻性、完整性、永續性的農村發展藍圖；另一方面，則是缺乏強而有力的法源依據，作為推動農村發展的基本動力。因此，如何提振農村的社會、經濟與環境活力，已成為當今台灣農村發展刻不容緩的課題。

# 農村規劃與建設

　　由於都市與農村地區不平衡發展情況日漸嚴重，政府部門嘗試以積極興建農村社區各項公共設施，提升農村生活水準及發展。過去投入的各項農村建設計畫中，大多透過各級農業行政機關以及前省政府住都處、地政處、農林廳水土保持局等機構辦理，包括自民國64年開始辦理之農村綜合發展示範村計畫、現代化農村發展計畫、農村住宅改善計畫方案、農村住宅及農村社區環境改善計畫、農村社區更新計畫、改善農村社區環境實施計畫、建設富麗農村計畫、農村新風貌計畫及鄉村新風貌計畫等（如表一）。這些對於農村發展之空間規劃政策，多半著重於社區層級之規劃，透過這類由下而上之規劃方式，強調在地居民參與規劃之空間政策，在資源有限之狀況下，確實收到極佳之效果。

表一、台灣農村規劃建設相關計畫表

| 計畫名稱 | 實施期間（民國） | 計畫內容 | 主辦機關 |
|---|---|---|---|
| 農村綜合發展示範村計畫 | 64至68年度 | 擴大農場經營規模。<br>農事、四健、家政三部門聯合輔導。<br>生產、生活環境之改善。 | 中國農村復興聯合委員會、台灣省政府農林廳 |
| 現代化農村發展計畫 | 68至74年度 | 農村領導人才培育。<br>農民心理建設。<br>農村生活環境改善。<br>農業生產設施改善。 | 行政院農業發展委員會、台灣省政府農林廳 |
|  | 69至72年度 | 基層小型工程建設。 | 台灣省政府民政廳 |
|  | 78至80年度 | 農宅及農村環境改善計畫。<br>社區發展計畫。<br>農漁村社區更新。<br>鄉土旅遊計畫。<br>偏遠地區居民生活改善。<br>均衡地方發展方案。 | 台灣省政府 |

| 計畫名稱 | 實施期間（民國） | 計畫內容 | 主辦機關 |
|---|---|---|---|
| 農村住宅改善五年計畫方案 | 71至74年度 | 農村住宅新建貸款。<br>農村住宅整建貸款。<br>補助低收入農戶整修。<br>農村住宅改善示範。 | 行政院農業委員會、台灣省政府農林廳、住都處 |
| 農村住宅及農村社區環境改善計畫 | 74至80年度 | 農村住宅改善（含新建、整建、補助低收入戶整建）。<br>農村住宅周邊環境改善（巷道、排水溝、環境美化、綠化等小型工程）。 | 行政院農業委員會、台灣省政府住都局 |
| 農村社區更新計畫 | 76至80年度 | 農村社區地籍重整交換分合。<br>公共設施規劃建設。<br>住宅整建。 | 行政院農業委員會、台灣省政府地政處 |
| 改善農村社區環境實施計畫 | 80至86年度 | 農村綜合發展規劃及建設。<br>農村社區更新規劃及建設。<br>農民住宅輔建。<br>農村社區實質環境改善。 | 行政院農業委員會、台灣省政府農林廳、水土保持局、漁業局、農業改良場、地政處、原住民事務委員會 |
| 建設富麗農村計畫 | 87至89年度 | 農村綜合發展規劃及建設。<br>農村社區更新規劃及建設。<br>農民住宅輔建。<br>農村社區實質環境改善。<br>原住民地區農村綜合發展建設。<br>發展農漁產業文化。<br>發展休閒及都市農業。 | 精省前：行政院農業委員會、台灣省政府農林廳、水土保持局、漁業局、各改良場、地政處、原住民事務委員會<br>精省後：行政院農業委員會、漁業署、中部辦公室、水土保持局、內政部中部辦公室、農業改良場 |
| 農村新風貌計畫 | 89至93年度 | 農村聚落重建。<br>改善農村生活環境。<br>協助建構農村新生活圈。<br>塑造農村聚落綠色建築特色。 | 行政院農業委員會、中部辦公室、水土保持局、內政部中部辦公室 |
| 鄉村新風貌計畫 | 94至97年度 | 營造農漁村新風貌。<br>發展休閒農業。<br>促進重建區振興。<br>深化鄉村培力。 | 行政院農業委員會、水土保持局、漁業署 |

# 台灣農村的再生型態

近年來，台灣農村的轉變與發展，有以下四大類型：

## 一、維持傳統的農村

維持傳統的農村在產業上，主要還是以農業生產為主，儘管其風貌隨著農業經營方式而逐漸有所不同，但仍具生產及居住功能。儘管政府的多項經建計畫及農業政策，刺激了台灣農村風貌的改變，不過，有些農村因為珍惜當地的特殊自然環境，而保留著原來的生活型態和地景；有些則是因為人口的外流及老化，無力改變；也有些則因為受到土地規範的限制，而無力更新；這些因素，使得台灣許多農村依然維持著傳統風貌。

由於農村的發展和演變是一個持續的過程，太多的公共建設或過度都市化的發展，反而破壞了農村特有的寧靜及舒適。因此，部分傳統農村因為保有原始的地景風貌、親和的人際關係、以及沒有壓力的生活條件，反而成為現代社會所渴求的生活環境。

傳統農村的發展，由於大部分主導權都在於年紀較長

部分傳統農村因為保有原始的地景風貌和無壓力的生活條件，反而成為現代社會所渴求的生活環境。

者，農村內部改變十分保守緩慢，對於外來刺激接受的程度也不高；不過，一旦有年輕一輩者承接，開始接受外界思想的影響，就很容易發生變化。

街道景觀的整理是社區總體營造的重要項目之一。像圖中這面圍牆，經過彩繪之後，立即呈現人文特色的風采。

## 二、社區總體營造之興起

民國80年代初期，社區總體營造的概念在政府部門強力的主導下被提出，包含了一系列社區軟、硬體的改造計畫，例如：文建會的「鄉鎮展演設施方案」、「美化傳統文化建築空間」、「社區文化發展計畫」；內政部的「城鄉新風貌」、「社區發展協會」等。民間單位則以社區為單位，推出了一系列藝文活動、文化產業展示等。

社區總體營造之興起，使得農村地區的發展有別於過去政府部門主導的發展型態；農村聚落或社區開始跳脫村、里、鄰形式上的行政組織，而改以透過在地居民共同的意識和價值觀念進行結合。例如：地方民俗活動的開發、古蹟和建築特色的建立、街道景觀的整理、地方產業的再發展、特有演藝活動的提倡、地方文史人物主題展示館的建立、居住空間和景觀的美化、社區小型活動的舉辦等，逐漸形成一股自發性的活力，進而展現了農村環境與文化上的改變。

## 三、九二一震災之衝擊與再生

民國88年的九二一地震，對台灣農村來說，雖在物質上被徹底摧毀，在精神上卻是新的凝聚意識的開始。對一個聚落而言，這種突如其來的衝擊，迫使人們必須在既有的生活模式與文化基礎上作出回應；地

震災重建後的台中縣梅子社區，愈挫愈勇，不但讓社區變得富麗、生氣，還參加展覽向大家介紹自己的家鄉，展現出台灣農村的活力。

震後，許多災後重建工作站與民間社會服務團隊的成立與動員，見證了台灣旺盛的社會力。事實上，對許多草根運動者而言，災後重建同時也是實踐社區自主與草根理想的土壤。尤其，在部分偏遠地區，原本即存在資源、資訊收受上的結構性困境，隨著社區重建工作者的進入，同時帶來外界關注，多少緩和了偏遠農村資源不足的根本問題。

較特別的是，震後對農村的支援，不僅在個別的社會安置、醫療救助、慰問金發放等；更重要的是大量經費與人力投入，全國各地菁英學者、專家、非營利組織及政府部門，前仆後繼進入災後的農村，以社區總體營造理念，透過重建過程，共同參與社區空間之改善、文化產業特色之建立，找尋農村再發展的空間。尤其，政府部門與民間資源大量挹注，使得這些農村在發展上幾乎毫無後顧之憂，反而展現出浴火重生的奇蹟。

## 四、休閒與體驗的農村

隨著農業生產功能降低，台灣農村也隨之逐漸轉為結合休閒及觀光的產業，尤其在觀光據點交通路線附近之農村或山村最為明顯；而農業主管機關在政策上積極推動休閒農業發展，更加速了農村轉型的速度。

最初，在觀光路線旁的農村，首先開放生產用之農園，提供遊客入園採果，以降低採收成本，並減少盤商對價格的壓抑；但各別果園的開放採果，所吸引到的市場較為有限。倒是在產區較集中的農村，由於行銷活動的配合，不少農園逐漸打出知名度。

隨著休閒產業經營觀念的逐漸萌芽，在各縣市中低海拔山區，陸續出現許多休閒山莊或農莊，一方面利用當地天然環境，一方面將傳統農村生活型態及習俗再包裝，創造出以自然生態環境體驗為主的休閒旅遊方式；再加上媒體的報導及宣傳，規模大小不等的休閒民宿在各地逐漸發芽，一種全新體驗的農村產業儼然成型。根據謝弘俊先生對於台灣農村社區產業轉型之研究發現，這些休閒農莊的經營者，有許多並非原本就在農村從事傳統農業經營，而是曾在外地經歷都市生活後，重新回到家鄉，或找尋合適的環境用地，開始學習經營與農村休閒或自然生態有關的產業。這類先趨者，若能夠堅持理想，要經營出具有個人特色的休閒農莊，成功率相當高。這些案例，對於台灣農村之轉型，起了一定程度的帶頭作用。

隨著休閒產業經營觀念的逐漸萌芽，在各縣市中低海拔山區，陸續出現許多休閒山莊或農莊，全新體驗的農村產業儼然成型。圖為位於新社鄉之花園餐廳。

# 台灣農村的
## 未來展望

隨著全球化趨勢，台灣的農村亦不斷演變中；尤其，近十年內的變化，更讓農村呈現相當不同的面貌；而這些變化，與居住在農村裡的人有極大關係。由於資訊的快速流通與交通的發達，使得農村與都市之間的交流越來越密切；農村居民在思想及行動上的改變，是促使農村不斷進步的主因；而政府機關的重視，更是台灣農村永續發展的重要動力。

本書以台灣農村的演變過程為主軸，從「傳統的農村」、「社區總體營造下的農村」、「重建再生的農村」、「休閒農業的農村」這四大農村類型，分別介紹數個具代表性農村之特色及故事，以期讓讀者更清楚認識台灣農村的精采。

梅山鄉瑞里村太興社區的火車、日出、泰興岩，刻劃出農村社區重建再生的精神意象。

26

農村是台灣的根，也是我們
賴以成長茁壯的起點。

傳統的農村在產業上，主要還是維持以農業生產為主，
儘管其風貌隨著農業經營方式而逐漸有所不同，
但仍具生產及居住功能。
儘管政府的多項經建計畫及農業政策，
刺激了台灣農村風貌的改變，
不過，有些農村因為珍惜當地的特殊自然環境，
而保留著原來的生活型態和地景；
有些則是因為人口的外流及老化，無力改變；
也有些則因為受到土地規範的限制，而無力更新；
這些因素，使得台灣許多農村依然維持著傳統風貌。

傳統的農村

新竹縣

# 北埔鄉南埔村

## 金色南埔生態村、水噹噹的客家原鄉

　　南埔村位於新竹縣北埔鄉西南方，一望無際廣大平坦的田園、油綠青翠的農作、古樸典雅的三合院，是一個純樸的傳統客家鄉村。主要聯外交通為竹45線，北上南下均十分便利，但由於開發甚少，得以保有原始自然生態的風貌。環抱全村的大坪溪，為南埔村最主要的水源，孕育出綿延不息的生命。溪谷地內遍植水稻，田中常見白鷺翩翩，鳥叫蟲鳴，花香綠草，蘊藏活力無限的自然生態。初夏之際，白天可見蜻蜓蝴蝶自在飛舞，夜晚則有火金姑來報到；冬季休耕時節，一畦畦亮眼金黃色的油麻菜花，更是讓人為之驚歎。若要體會大自然的奧妙，還可登上觀景台，遠眺龜山與大坪溪河谷美景，微風輕拂，洗盡塵埃，令人心曠神怡，好不自在。

　　南埔村內圳溝清澈，經常跨放著許多洗衣石板，婦女時而於圳旁洗滌衣裳，其景象彷彿時光交錯，回到早期台灣農業時代純樸的村莊。

大坪溪谷地內遍植水稻，田中常見白鷺翩翩，鳥叫蟲鳴，花香綠草，蘊藏活力無限的自然生態。

# 南埔村導覽圖

峨眉鄉

往竹東

往北埔老街→

竹45

南埔景觀橋

大坪溪

大湖溪

浮圳頭

芡實生態池

生龍口

龍泉窩

麥克田園

龍眼樹排

郭家老宅

洗衫圳

水頭河底伯公

龍鳳髻

南軒雅廚

郭家和風宅院

蕭家老宅

石爺

南埔圳
總汾頭

挑水壢

百年水車

龜山坪

南昌宮

綠野大地

蕃薯伯
竹語茶廬

金鑑堂

金剛寺

←往峨眉

農具
展示館

錦繡堂

番婆坑

大林村

竹37-1

往
南
坑
村

番婆坑伯公

煤礦遺址

矽砂遺址

錦繡堂建於清光緒初年,至
今已邁入一百三十多年歷
史,整棟建材皆取自一棵千
年樟木,極具文化及美學價
值,是南埔著名的客家大宅
院。

## 百年古蹟:錦繡堂與全鑑堂

　　除了景色宜人、農產豐富外,南埔村內古蹟、景點
亦豐富多元,充分反映出先人生活的歷史痕跡。

　　莊家錦繡堂是村內的百年古蹟,整座房厝從門、窗
到大柱、屋簷,所用木材皆來自同一棵樟樹。目前,
這棟百年宅院雖仍保有初建時的風貌,但近年來由於
不肖之徒屢次入內破壞,迫使主人拒絕遊客參觀,現
在我們只能從牆外遠觀其典雅風采。

### 百年水車與水圳

　　台灣早期的農田多賴水車引水灌溉,因
此,水車也成了現代農村懷舊及具代表性
的文化資產之一。台灣的水車一般多為木
製,南埔特別的是,這裡為全台唯一採用
竹筒式水車灌溉的地方。這個獨一無二的水車,目前

金鑑堂也是一座美麗且具有
百年歷史的客家老屋,雕梁
畫棟均出自清末大師妙禪法
師之手,歷史價值極高。

台灣多為木製水車，只有南埔村能看到獨一無二的竹筒式水車，喀吱喀吱的轉動聲，自百年前穿越至今。

這座7個大小不等的石頭所組成的石爺公廟，已有一百多年歷史。

仍保留完好，喀吱喀吱的轉動聲，自百年前穿越至今，成了當地的特色之一。

同樣具歷史價值的「百年水圳」，乃先民智慧的展現，亦是傳統客家山村所致力保留的珍貴水資源文化。此外，村內至今仍可見古代聯外的重要隘口古道以及傳說中專為小孩護法的石爺公、伯公。在E時代的今天，這純樸的農村守護著祖先傳承下來的人文生態，成為當地特殊的人文景象。

## 鄉土的滋味·蕃薯味

老一輩的阿公阿媽，可能怎麼也料想不到，以前用來餵豬的「蕃薯」，如今竟然鹹魚翻身，成為農村休閒產業的寶貝。每到假日，這個純樸傳統的小村莊便擠滿扶老攜幼的外地人潮，從「蕃薯焢窯」開始，重溫舊時家鄉有過的感動──錦繡堂的主人莊謙謹化名為「蕃薯伯」，以傳統農村之懷舊與體驗為訴求，將傳統農業轉型發展成為休閒農業，讓保有傳統樣貌的南埔村，無須多餘的工程建設，即實現了現代人在

忙碌之餘，得以體會鄉村生活的心願，其作法也成了當地居民跟進的榜樣與方向。農村、農具體驗與農村文化的接觸，項目包含甚多，諸如：竹藝與草繩編織、碾米體驗、客家味十足的擂茶、悠閒單車行、牛車巡禮等，為都市人帶來許多生活樂趣。

南埔村推出的竹藝與草繩編織、碾米、擂茶、悠閒單車行、牛車巡禮等活動，各式各樣農村文化體驗，為都市人帶來許多生活樂趣。

## 綠籬蔥鬱的生態村

　　水是南埔重要的生命泉源，當地的冷泉更是重要的水資源。水溫維持10～20℃的冷泉，清澈略帶鹹味，幾百年來，南埔村就是靠大大小小引自冷泉的水作為農耕灌溉，近來更以有機農產專業區為發展目標，因此居民非常重視水源的維護與清理，成為維護生態的第一步。土地肥沃水源豐沛的南埔村，過去純農業時期主要作物以水稻為主，居北埔之首；目前更種植多種高經濟農作，如地瓜、有機菜、火龍果等。難得

的是，南埔村農民一直傳承著老祖先的農作方式來
務農：以人工鋤草取代施灑農藥，不但農產污染降
到最低，也保有了鄉村蘊藏的生命力——獨角仙、
蚯蚓、金龜子及蟬等，隨著土壤的低污染而恢復孕
育，蜻蜓、豆娘、螢火蟲等，也都一一來報到。

村民長久維持傳統農村生活
習慣，生活簡樸，是南埔村
能保有良好環境的主因。

　　此外，「綠籬」之維護也是南埔村生態維護中重要
的一環；農田面積廣大的南埔村，每一畝田之間都有
濃密的林木綠籬，由於維護得當，也成了蝴蝶幼蟲的
覓食來源。

　　垃圾、有機廢棄物分類與回收，亦是邁向生態村的
必備條件。南埔村居民將各種有機物堆成堆肥，再回
埋農田中，使得村內環境乾淨整潔；加上村民長久傳
統的農村生活習性，沒有太強烈的物質慾望，也是南
埔村能保有良好環境的主因。若再整合以當地特有的
人文資產，「金色南埔生態村」的永續發展相當令人
期待。

# 林內鄉湖本村
## 雲林縣

### 八色鳥的故鄉

　　湖本村位於雲林縣林內鄉，倚山傍水，寧靜優美，美麗的大埔溪蜿蜒於境內。相對於許多地區為經濟發展而犧牲生態環境，湖本村民卻致力保護大自然，讓湖本村不但保留了原有林貌，更孕育出豐富的自然生態；也因為這絕佳的環境，讓屬於珍貴保育動物的八色鳥，選擇在此棲息，自古以來湖本居民對其即十分熟悉。

　　相較於曾文水庫等地的少量發現，湖本村現今至少已發現二十對以上的八色鳥，可說是「台灣八色鳥的故鄉」。八色鳥身長約18～20公分，體色繽紛豔麗，因羽毛具濃綠、藍、淡黃、黃褐、茶褐、紅、黑和白等八色而得名。牠們大都活動於森林底層陰溼處，喜單獨或成對行動，由於生性羞怯、警戒心強，通常以跳躍方式前進，平時難見其蹤跡。八色鳥為夏候鳥，春、夏時從南方飛來台灣繁殖，以往台灣中、南部數量眾多，現已極為少見，除與黑面琵鷺同樣被列為珍

三合院旁的圍牆，繪出村民
心目中的八色鳥故鄉。

貴稀有保育類野生動物，亦為國際鳥盟公布之《亞洲鳥類紅皮書》中列為易危鳥類之一。

八色鳥為夏候鳥，春、夏時從南方飛來台灣繁殖，湖本村現今已發現二十對以上的八色鳥，可說是台灣八色鳥的故鄉。

## 極富特色的農產與畜牧食品

湖本村居民自古即以務農為主，由於地形與氣候的關係，當地農產品種類繁多，主要作物包括桂竹筍、麻竹筍，以及鳳梨、柳丁、柑橘、文旦等水果；村民利用原有農產，予以加工處理，成為多樣化的食品；鳳梨除了可直接品嚐外，還可做成鳳梨酥，或醃漬成罐頭，風味絕佳，成為美食專家經常搭配烹煮的素材。

其次，畜牧業亦是湖本村的特色之一；當地乳牛牧場生產的鮮奶，是供應社區合作社製作鮮奶饅頭的主要來源。湖本村的社區媽媽們，在經過政府多元就業方案的培訓後，研發製作出具有濃、純、香口感的饅頭，吃過的人無不豎起大姆指稱「讚」，目前在市場上極富口碑，是遊客參訪湖本村後必帶的伴手禮。

湖本生態合作社所販賣的鮮奶饅頭，口感香醇，是湖本村的社區媽媽們以當地牧場生產的鮮奶，研發製作而成。

坐落於湖本村內的白馬寺，
為目前東南亞中最大的一座
藏傳佛寺。

## 信仰中心：天聖宮、白馬寺

　　湖本村內人文與自然景觀皆相當豐富。天聖宮與藏
傳白馬寺是著名的人文景點；枕頭山、滴水公園、巨
竹林、大埔溪生態池、三角仔自然生態步道等，則擁
有優美的自然景觀。

　　天聖宮為居民的宗教信仰中心，廟中所供奉的關聖
帝君，相傳十分庇祐當地村民，因此香火鼎盛，除了
供信徒朝拜，亦為村民主要的休憩活動場所；老人經
常來此泡茶聊天，廟前的籃球場則是小孩運動的好去
處；在湖本村，天聖宮已與村民的生活緊緊結合在一
起。白馬寺則是目前東南亞最大的一座藏傳佛寺，坐
落在這小小的村莊內，更顯得雄偉浩大。

## 滴水公園・快樂休閒園

三角仔自然生態步道的石
板，是村民們合力一塊一塊
鋪設而成的。

　　愛護大地是湖本村民共同的理念，從合力規劃及
共同參與村內建設的過程中，村民建立起了保護自然
生態以及美好居住環境的觀念，不僅加深對家鄉的情

緊臨大埔溪、由閒置空地改建而成的滴水小公園，充滿自然生機。

快樂休閒園裡的菜圃、大蒜田、木橋生態池，都是社區內大人和小孩揮灑汗水共同建設的成果。

感，更延續了大自然所賦予的景觀之美。「三角仔自然生態步道」的石板，就是村民一塊一塊舖設而成；「快樂休閒園」裡的花草、生態池、菜圃、遊戲區等等，也都是社區內大人和小孩揮灑汗水共同建設的成果。

「滴水公園」位於大埔溪旁，原本是一處閒置的空地，居民有感於大埔溪孕育出的自然生態景觀如此美麗與多樣，卻無加以利用，甚為可惜。因此，在學術單位的規劃與村民的動員下，共同完成了「滴水公園」，成為村民散步、聊天、觀賞自然生態景觀的絕佳遊憩場所。

## 陸砂開採與環境保護之衝突

在邁入工業社會之後，人類所面對的一項重要課題就是，如何取得經濟發展與環境保護的平衡。雖然經濟的開發與成長，得以增加工作機會、使平均所得上升，為人們帶來富裕的物質生活，但過度開發的後果，也使得原有的自然生態遭到損毀；大自然食物鏈

被破壞，許多植物和動物也開始面臨絕種的命運，在享受快樂的物質生活之後，留給後代子孫的卻是一個殘破不堪的環境。湖本村同樣面臨了這個瓶頸——陸砂開採為村民帶來實質上的經濟利益，同時卻也帶來自然景觀遭破壞與人文景觀永續發展的衝突。

## 捍衛家園，堅守八色鳥棲息地

枕頭山擁有十分豐富的生態資源，區內有數種原生動植物及保育類動物棲息；八色鳥就是其中非常珍

政府在六年國建中需要大量砂石，政策開放開採陸砂，湖本村原本的好山好水於是遭受破壞。

貴的野生保育動物之一。由於政府在六年國建中需要大量砂石，因此政策開放開採陸砂，業者著眼可觀的利益，枕頭山成了主要的開採目標。如此一來，不僅原本好山好水的湖本村生態景觀將遭到嚴重破壞，也可能造成土石流災害。村民為使家園不受怪手摧殘，堅守八色鳥清淨的棲息地，於是決定自力救濟，表達捍衛家園的決心。在村長帶領之下，一連串抗爭於焉展開——他們數度與業者對峙，發起保土與搶救八色鳥的行動，受到保育團體與各界關注。之後，尹玲瑛村長更透過受邀到英國演講的機會，向國際發聲，終於得到政府的重視，而暫緩枕頭山的砂石開採計畫。湖本村現

在能保有原始而豐富的山林面貌，乃因居民有愛護大
自然的宏觀，並努力爭取而得；湖本人為保護這塊大
地所付出的努力與精神，令人動容與欽敬。

為了維護湖本村的原始山林
面貌，村民們與環保人士共
同發起反陸砂開採、為八色
鳥請命的抗議行動。

南投縣

# 南投市福山里

## 荔枝樹王的故鄉

位處八卦山台地的福山里，有著極為純樸的鄉村風情，全村住戶多數座落依八卦山勢而開的八卦路兩旁，且大半以務農維生。區內除生產鳳梨、荔枝、嫩薑等主要農作物，更因「猴探井遊憩區」而帶動觀光，成為農業之外積極發展的休閒觀光景點。

沿縣道投139線，前往福山里的道路兩旁，荔枝果園接連不斷；盛夏結果期間，一串串紅艷欲滴的荔枝唾手可得，經常讓來往的車輛和行人不由自主的想伸出手來偷偷拔採幾顆，當下享受貴妃級現摘荔枝的香甜鮮美。

談起荔枝樹，福山里的居民可有說不完的驕傲歷史。相傳三百年前，大陸福州一批施姓先民越海來台開墾，最後選擇落腳於南投市福山里，並種下數株他們所攜帶來台的黑葉荔枝幼苗，福山里因此成為全台灣最早栽種荔枝的地方。經過長時間的開枝散葉，福

施厝坪的百年荔枝王在良好的管理之下仍能開花結果。

山里放眼所見幾乎都是荔枝樹，而施姓也成
了當地最大姓，還因此有「施厝坪」這個舊
地名。

施姓兄弟最初種下的五株荔枝樹，歷經
三百年風雨，除了其中一株因樹幹遭到蟲
蟻腐蝕而傾倒砍除，其餘四株目前仍然存
活，人稱「荔枝王」，樹幹之粗，需二、
三個成人牽手方可環抱。難得的是，這四株三百年
歷史的荔枝老樹，在居民細心照料下，仍不斷開花結
果。前幾年，在「品嚐三百年荔枝王荔枝果」的宣傳
活動中，還拍賣出一顆「九萬九」的驚人天價呢！

荔枝王樹下還設有歷史沿革
說明看板，讓遊客了解樹王
之珍貴。

## 鳳梨和嫩薑盛產地

除了荔枝之外，鳳梨和嫩薑也是福山里的名產。因
為日照充足，當地鳳梨從原始「開英種」到各式改良
品種俱有，粒粒香甜多汁。而每年5、6月則是嫩薑產
期，薑農就在路邊架起網台和水槍，清洗滿是紅土的

福山里的鳳梨因為日照充足特
別香甜多汁；在這裡還可以見
到鳳梨戴帽子防曬的有趣景
象。

猴探井休憩園區可登高塔展望彰化平原。

猴探井休憩區有完善的休憩規劃適合全家出遊，夕陽美景吸引人們甘願從日出等到日落。

嫩薑，準備銷往市場；堆疊成小山的嫩薑，經常吸引來往過客停車，採購帶回家醃製成可口醬菜。

## 吉穴佳地猴探井

由於位居中低海拔的八卦山台地，福山里擁有相當寬廣的視野景觀。免費開放的「猴探井遊憩區」就坐落在斷崖地形的置高點，登上區內的尖頂眺望塔，彰化、雲林平原的美景盡收眼底。天氣好時，甚至可以看到濁水溪出海口，黃昏夕照景觀極佳，夜景更是燦爛迷人。

## 低開發而保有豐富自然生態

在生態保育方面，福山里的居民其實並沒有投注太多心力，純然是因為經濟上的低度開發，而對自然生態沒有太大破壞；再加上八卦山台地遍布簡易的灌溉

## 猴探井之由來

「猴探井」這個有趣的地名究竟是怎麼來的呢？相傳在清同治12年(1873)，當地有戶林姓子孫，為了安葬祖先林老太太，遠聘唐山地理師父尋找佳地，後見此地風光明媚且群猴聚集，驚呼是富有靈氣的「猴子穴」，林姓子孫遂遵從地理師的指示，將老太太安葬於「猴子穴」中。另外，又因此地山谷地形像極一口井，谷前有一座小山峰，像一隻嬉戲的猴子蹲伏，俯探著深井，於是「猴探井」之地名就這樣一直流傳下來。之後，遊憩區內興建的尖頂眺望塔頂端，還特別設計了一個可愛的人造「猴探井」，到訪遊客觀後無不莞爾，留下深刻印象。

用蓄水池，使得此地生態豐富而熱鬧。盤旋空中的灰面鵟鷹、清明時節由南向北遷徙的紫斑蝶、咕咕聲響的貓頭鷹、雨後突然現身的螢火蟲、樹蛙，以及盛夏夜晚必定報到的金龜子、獨角仙、天牛等，讓此地居民每天都可聆賞大自然合奏，一年四季都有驚喜。

土埆厝幽靜的小巷保留了傳統農家建築風味。

### 鷹揚八卦・傳統之美

近幾年「鷹揚八卦」賞鷹活動，吸引了大量愛鳥人士前往八卦山台地賞鳥，再上國際知名腳踏車廠商經常性舉辦越野登山競賽活動，讓越來越多人驚見福山里的鄉村之美——原來台灣還有這麼純樸可愛的地方！

世居在福山里的施先生說，這裡的居民傳統而保守，不擅長搞文宣自我宣傳，但每個人都真誠而可愛，歡迎所有人「有空來福山里呷茶、呷荔枝、呷旺來！」

八卦山脈是每年過境的候鳥停棲地，其中最有名的是每年3、4月清明時節在此停棲的灰面鵟鷹和赤腹鷹，鷹群們群起盤旋之場面，相當壯觀。圖即為灰面鵟鷹張翅盤旋的英姿。

# 烏來鄉福山村

台北縣

## 生物樂園‧台灣的亞馬遜

提起台北縣烏來鄉，溫泉及老街是一般遊客熟悉的休閒圈，而循著北107縣道往山路前進，有別熱鬧的現代商圈，遠離世俗與塵埃，沿著南勢溪逆向前行，一陣峰迴路轉，烏來鄉福山村有著截然不同的原始與自然。提起「福山村」，大部分的人會誤以為是宜蘭縣員山鄉的「福山植物園」，畢竟「福山植物園」知名度頗高，但烏來福山村也不落人後，散發著珍貴的原始與自然，整個村就是一個大植物園，甚至是生物樂園。

該聚落最早是泰雅族頭目「亞維‧布納」帶領族人游獵來到李茂岸、札亞孔等地(今福山村南方)，見此處溪流魚豐、山林獸多，而決定在此生活；到了日

放眼望去，那純樸可愛的小村落，就是烏來福山村。

## 烏來福山村導覽圖

福山養鱒場

基督長老教會

福山派出所

福山國小

天主堂

社區步道

福炎商店

五棵樹步道

大羅蘭步道

福巴越嶺步道

福山一號橋

卡拉模基

福巴越嶺吊橋

哈盆越嶺步道

南勢溪

本時期，日本人更視林中的樟木、肖楠和杉木為源源不絕的財富，是「一座有福氣的山」，簡稱「福山」。

福山村匯集了氣候、水文、環境及地理位置等先天因素，緊鄰哈盆、達觀山等自然保護區，有大羅蘭溪、哈盆溪、札孔溪及南勢溪流過，水量豐沛，位處綿延山間，蘊釀許多種類的生物，植物相豐富而多元，花草樹木爭奇鬥豔；溪畔邊，鉛色水鶇獨立溪石上，捕食飛過的小蟲及飄浮溪中的水生昆蟲；樹林裡可看見光澤耀眼的紫嘯鶇，寶藍羽色、紅色眼睛，非常亮眼；此外還有豆娘、鳳蝶處處飛舞；多種青蛙拉起喉嚨，呱呱的唱著自然曲調，有褐

清澈的河流，潔淨的綠地，蘊釀豐富的自然生態，堪稱台灣的亞馬遜。

樹蛙、翡翠樹蛙、台北樹蛙等，無比熱鬧；還有溪中苦花飛躍嬉戲，令人驚歎不已，生物、植物相當豐富，堪稱「台灣的亞馬遜」。

據說，二百多年前泰雅族大科崁群在崇山峻嶺間狩獵走出一條獵徑，之後成為泰雅族人進入烏來福山的遷徙路線，同時提供福山、巴陵兩地族人往來及通婚路徑，故又稱「姻親路古道」。

## 古道：泰雅族人狩獵與通婚的路徑

　　往福山原始林前進到最高點，可眺望整個福山村，為哈盆古道、福巴越嶺古道和北插天山三條登山步道的起點。哈盆古道本來是日本時期的巡防道及義(隘)勇路，現在已經成為熱門的健行路線，也有不少人會在此露營。「哈盆」兩字本為泰雅話，指的是兩條河流交匯之處。福巴越嶺古道(烏來福山村到桃園巴陵)最早是在二、三百年前由泰雅族所開踏出來，由巴陵西南方翻越過2,000多公尺的達觀山區，遷移至福

山、烏來一帶，為泰雅族人因交流及通婚需要所開發的社路，故又稱「姻親路古道」。步道上現存的人文遺址包括有比亞桑日警駐在所、拉拉山日警駐在所、檜山日警駐在所、札孔日警駐在所等。

## 福山國小・泰雅風情

福山村唯一的教育單位為福山國小，學生人數極少，以97學年度為例，僅二十八名小朋友就讀。這個受大自然薰陶的小學，以前曾有十棵百年櫻花樹環繞著，目前僅存兩棵，可說相當珍貴。校園中還有浪漫的油桐花道，可說是個十足的森林小學。此外，校方對於原住民文化的傳承亦不遺餘力：由於泰雅族世居當地，一進校園，即可看見泰雅先祖「亞維・布納」雕像，整座校園充滿著泰雅文化色彩；其中最醒目的就是壁畫，呈現出泰雅族人傳統的生活習慣、技藝以及文化特色，讓小朋友從日常生活中接受傳統文化的洗禮。

福山國小校園內裝點著泰雅族圖騰與雕刻彩繪，人文藝術盡善盡美。

## 泰雅族人的美麗象徵：
## 紋面與織布

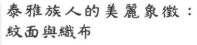

泰雅族男女在成年之時，都要在臉上刺青，表示成年的象徵，也是一種美的表現。

泰雅族女性的織繡手藝須到達一定程度，方能奠立她們在族裡的地位。

提起泰雅族的人文歷史，美麗的紋面和精湛的織布技術最為聞名。「紡織」被視為泰雅婦女的必要工作技能，織出一手好布，是勤勞、美麗的泰雅女孩之象徵，也才能獲得男士的追求。「紋面」是泰雅族另一重要生活習俗。這種在臉上刺青或在手足刺出特定花紋的藝術，向來被泰雅人認為是一種美與榮耀；尤其紋面，更被泰雅人認定為尊榮的象徵——男士必須有能力打獵、出草，女士則須有優秀技藝或高超品德，同時獲得公認與肯定，方可紋面。

## 純樸的福山寶地

「福山」，一個充滿原味的珍貴寶地，保留著往日福爾摩沙的神祕面紗，有別於濃艷的裝點，福山村恰

登山木階上的雕刻（右圖）。

橋上菱形造型的圖紋，泰雅原住民稱為「祖靈之眼」，村落裡，處處可見這樣的造型圖騰。

如一位清秀佳人那般含蓄與自然。這股特有的清流與
氣質，深深吸引著忙碌的現代人，一次次前往探訪，
每一回都帶來不同的感動與驚艷。然而，這麼一塊寶
地，仍需靠大家共同維護與愛惜，讓自然的珍貴命
脈，能像春天的花朵般生生不息、永遠綻放。

好大的魚哦！照片中抱著大
鱒魚的就是福山養鱒休閒農
場的主人，與大家分享他內
心的喜悅。

## 另類的福山養鱒場

福山當地的福
山養鱒休閒農場致力於培養各種稀有魚類，並以養
殖冷水性鱒魚、香魚與鱘魚等高經濟價值魚類為主，
因位於南勢溪上游大羅蘭溪，水溫低、水質清澈、水
量充足，使得福山養鱒場18年來供應烏來風景區與燕子
湖地區餐廳不虞匱乏。

來到福山養鱒場，鮮魚大餐不能錯過，由徐先生精心烹煮的每一道菜，
都令人食指大動，有口齒留香的清蒸鱒魚、清脆可口的炸溪蝦、甘甜味
美的醃鱒魚、香嫩多汁的炸香魚以及口感十足的滷桂竹筍等。除鮮魚大
餐，還有一道風味獨特、絕無僅有的傳統湯餚「罵狗(馬告)雞湯」，製
作過程也很獨特，「罵狗(馬告)」在泰雅語裡即所謂的山胡椒，一開始
山胡椒和雞肉必須分開燉煮，最後再合併熬製，充分展現福山村的自然
與原始，值得細細品嚐。

因為養了鱒魚，意外吸引了台灣最大的貓頭鷹「黃魚鴞」的到來，但生
性害羞的黃魚鴞，一抓到魚就即刻飛去，原本只是單純的復育飼養香魚
的鱒魚場，因為黃魚鴞的捕食，另類的展現另一生命力與生態觀。此
外，福山養鱒場主人徐傑立先生，成功
復育高營養價值的香魚，過程相當艱
辛，由於台灣香魚早已絕種，目前復育
的都是由日本引進的陸封型香魚。徐先
生並指出香魚之命名，是因為魚兒體表
本身有股淡淡的小黃瓜香味，一旦魚兒
死後，這股香味就會消失。

有別一般農村的香菇種植，福山養鱒場的香菇採集自木塊上，
無論煮湯或香炒，都是遊客喜愛必點的菜餚。

# 牡丹鄉旭海村

屏東縣

## 南台灣的明珠

　　旭海村位於全台最南端的屏東縣牡丹鄉，三面環山一面濱海，民風淳樸。村內人口多集中於旭海溪與牡丹灣間的平坦谷地，主要為排灣族，亦有不少阿美族後裔，居民多以捕魚維生，少數則從事農牧業。除了原住民之外，還有少數客家人、閩南人及外省人居住其間；縱然境內無高等學府，人文特色依舊豐富：除保有排灣、阿美族等原住民族傳統祖靈信仰外，也融入旭海基督長老教會、旭安宮(主祀福德正神)、旭海觀音寺等漢人宗教信仰。由於地處偏僻，旭海村內各項產業並不發達，且人口有逐年外流的趨勢，但因坐擁獨特自然美景，並保有樸實的人文地理風貌，近幾年來，這個淳樸的傳統農村，在休閒風氣日漸盛行下，亦向「休閒農村」之路跨出了一大步。

三面環山，一面濱海的旭海村。

## 大海‧草原‧好風光

### 旭海大草原

　　位於村內東南方的旭海大草原，又稱「中正大草原」，瀕臨太平洋，海拔300多公尺，面積達300公頃。由於交通不便，區內土地大多未被開發，因此環境得天獨厚——大片碧綠的草原，銜接無際的海洋，四周視野遼闊，靜謐而清幽，浩瀚景色令人心曠神怡。草原中有一天然水池，池畔草地常見牛羊群聚飲水，悠閒自在。

旭海大草原。

### 親親大草原、牡丹灣

　　由於早年的「旭海大草原」現今已列為軍方管制之軍事重地，一般遊客不易進入。為避開軍方管制的困擾，同時讓造訪遊客能一睹壯闊的自然美景，當地居民在旭海村的東北方、牡丹鼻山南麓，另開闢出一規模較小的草原，稱為「旭海親親大草原」。

親親大草原入口的鵝卵石路。

　　然此處草原只是配角，主要景緻為環島公路至今尚未到達的「牡丹灣」。此地海灘處處可見扁平又圓潤的鵝卵石，白色紋理構成形形色色的圖案，

旭海鵝卵石海灘上，布滿大小扁圓形卵石，卵石表面的白色紋理千變萬化，讓人愛不釋手。

展現大自然的鬼斧神工，偶而還可拾獲藍寶石和牡丹石。從草原高處俯瞰半圓形的牡丹灣，景緻浪漫迷人，天氣晴朗時，還可遠眺蘭嶼、綠島，秀麗景色盡收眼底。

## 旭海溫泉

　　溫泉也是旭海村的一大特色。此處泉質為天然鹼性碳酸溫泉，泉水溫度為43℃，水質清澈透明，水量豐富終年不竭。目前旭海村擁有兩間男女分開的公共澡堂，供當地居民使用。

## 觀音鼻

　　旭海山腳下的「觀音鼻」海岸，也是台灣環島公路未達的一段。由於沒有公路通行，人煙罕至，因此也保留了最原始的海岸風貌：小徑、海灘、峭壁，沿路可見；若遇海風勁吹，巨浪捲起，更增添幾分狂野與不凡的氣勢。

觀音鼻海岸。

### 矮黑人遺址

觀音鼻近郊山林中，神秘的「矮黑人遺址」石板屋群落分布。具有八百多年歷史的矮黑人石板屋遺址，目前南台灣共發現四處，分別位於牡丹鄉旭海村、滿州鄉九棚村等境內，其中，牡丹鄉旭海村就占了三處，且以觀音鼻的石板屋群最為壯觀、也最完整，達四百餘間之多。現今雖已沒入雜林，卻不難想像當時的繁榮與盛況，應及早依〈文化資產保存法〉加以推薦保存。

牡丹鄉旭海村的矮黑人石板屋遺址，已經沒入雜林之中。

### 哭泣湖

位於旭海村鄰近的東源村境內，有別於旭海的大海風光，取而代之的是湖水的魅與美。「哭泣湖」的命名，並非來自淒美的傳說，而是從排灣族語「KUZI」的相近發音而來——意指水流匯集之地。此處青山環繞，褐色湖面上，漂浮著朵朵蓮花以及珍貴的台灣水韭；花季時，漫步湖畔步道，處處可見野薑花叢，散發著迷人淡雅的花香，時見佳偶成雙成對，讓這湖光山色，增添幾許甜蜜和浪漫，堪稱蜜月勝地。

東源村境內的哭泣湖，又稱東源湖，是屏東牡丹水庫的源頭，湖水澄澈，湖邊還有珍貴的台灣水韭。漫步湖畔步道，氣氛甜美浪漫。

### 哭泣湖畔石頭屋

這是位於哭泣湖畔的新興民宿，主人公是排灣族人，他以鵝卵石、南田石等親手堆砌，並鑲入排灣族圖騰，成為獨具文化特色的排灣族石板屋民宿。無論是星空閃耀的夜晚，或曙光初露的清晨，

美麗的哭泣湖畔有著排灣族人親手蓋成的石板屋民宿，獨具排灣特色。

吉拿富是一種用月桃葉包裹小米或糯米以及肉和芋頭的美食，外型呈長條狀，為排灣族族人常吃的食物。

皆可端坐湖畔，享受涼風徐吹，欣賞高雅蓮花，享受休閒與寧靜。

### 凡伊斯山野菜館

　　要體驗排灣風情，當然少不了排灣族的傳統好菜。同樣是石頭屋材質所建造的「凡伊斯山野菜館」，賣的就是最原味的排灣野味。其中必嚐的莫過於「吉拿富」——這是一種以原住民傳統方法烹煮的美食，類似漢人的粽子，淡淡葉香，陣陣芋香，口感軟Q。其他還有：以野生過貓(過溝菜蕨)為食材的「香鬆野蕨」、白鳳菜、炸溪哥、石木耳湯、阿凡伊小米，以及傳統口味的粉條、粉圓等，都是以傳統方式烹煮，風味獨特、野味十足。

### 山海並榮・生態豐富

　　旭海村不僅海岸景緻與人文景觀豐富，山野間更蘊藏數種珍貴的特有生物，例如：虎皮蛙、貢德氏赤

蛙、褐樹蛙、鳳頭蒼鷹、大冠鷲、竹雞、斑頸鳩、五色鳥、紅嘴黑鵯、白環鸚嘴鵯、黑枕藍鶲、繡眼畫眉、畫眉、小彎嘴、山紅頭、褐頭鷦鶯、八哥、大卷尾、樹鵲及烏頭翁等。旭海溪具有豐富的溪流生態：溯溪慢走，常見苦花、樹蛙和小蟹自在游戲。在植物生態方面，由於海風及鹽霧吹拂強勁，因此多為適合生長在海濱的植物，如穗花棋盤腳、港口木荷、軟毛柿、十字木、內冬子、野牡丹、蓮葉桐、魯花樹、千頭木麻黃、鵝鑾鼻蔓榕、白水木、水黃皮、茄冬、百慕達草、腎蕨、蝴蝶薑等，讓美麗的旭海更添生命力。

　　旭海之美，令人神往，而鄰近有著濃濃排灣情的東源村，也讓旭海村的休閒旅遊走出更寬廣的路，休閒產業與品質的提升，讓這顆海岸明珠得以完整呈現，明亮永續。

旭海海岸一隅。

彰化縣

# 大村鄉平和村

地「平」人「和」——黃金花鄉

　　以巨峰葡萄聞名全台的彰化縣大村鄉境內，台1線以東八卦山脈山腰下，有個傳統樸實的小村莊——平和村，居民生活勤儉樸實，大多以務農為生，水稻是當地最主要的農產品。每到秋冬休耕之際，遼闊的田野開滿油麻菜花；油麻菜籽原是農村普及的綠肥作物，在社區營造的觀念引導下，村民將油麻菜花命名為「黃金花」，重新賦予大地賜予的「平凡」資源一個「不平凡」的生命。

## 候鳥新樂園、野鳥新天堂

　　盛產良質稻米的平和村，除插秧、翻田時見的鷺鷥盤據覓食外，平常即聚集一群群的鳥類，如常見的紅鳩、珠頸斑鳩、粉紅鸚嘴、小彎嘴等，鳥友們更曾記錄到白頭文鳥、橙頰梅花雀、橫斑梅花雀、印度銀嘴文鳥、黑領椋鳥、虎皮鸚鵡等籠中逸鳥的蹤跡，成為

平和村內有最傲人的黃金花田，展現其獨特的農村風貌。

平和村田野間，經常可見各種鳥類棲息，居民們相當珍惜當地生態，致力保護這片野鳥天堂。

攝影、賞鳥、以及生態旅遊的絕佳景點。尤其到了候鳥季：金翅雀、小辮鴴、黃鶺鴒、赤喉鷚、灰椋鳥、歐洲八哥、野鴝、彩鷸……紛紛報到，把平和村點綴得熱鬧非凡。

此外，鄰近平和花壇交界地段，有處廢棄輕航機場，機場附近成為野鳥棲息的新天堂，各種少見的度冬野鳥，像金翅雀、黃鶺鴒、小辮鴴等，皆有上百隻的穩定族群在當地出現，反應出平和地區是個自然純淨的好環境，加上居民同心協力的環保概念，而保有績優社區的頭銜。

民國94年期間，彰化鳥會之友在平和村發現一對罕見的「藍喉鴝」棲息，吸引全國各地的生態攝影家爭相前往守候、拍照；翌年，加拿大鳥會與當地電視台更組隊來台，拍攝野鳥在台灣度冬的紀錄片。原只安排半小時的拍攝行程，然特佳的鳥景，誠令

平和村因出現台灣本島少見的戴勝，造成賞鳥界的轟動。

供奉媽祖的聖瑤宮，是居民
的信仰中心。

國際友人驚喜萬分，連續拍攝了三個小
時。後來，平和村更因發現到台灣本島
少見的「戴勝」蹤跡，以及茅斑蝗鶯及
黑冠麻鷺的求偶聲，造成賞鳥界的大轟
動。

### 「生命之河」與「平和號」

　　曾經推動平和社區營造的郭俊銀先
生認為，想要了解平和村，應該從「平
和燈節」談起：「平和燈節──千燈納
福慶元宵」活動，是凝聚社區居民感情的活動，讓現
代忙碌父母陪著孩子一同提著「鼓仔燈」，與小孩更
多互動，共同找回兒時記憶、享受親情歡樂，重新賦
予元宵更溫馨、不一樣的感受與意義。然在全村進行
提「鼓仔燈」活動的同時，赫然發現長期為居民社區
棄置漠視而髒亂不堪的溝渠貫穿全區，因此，改造渠
溝為「生命之河」的意念油然而生。村民們特打造一

潔淨的渠溝、清澈的水流，
「生命之河」是平和的驕
傲。

平和夕照景觀平台旁搭有一座稻草垛，流露濃濃復古農村味。

艘「平和號」環保船，隨時出航打撈渠中垃圾，永保「生命之河」之潔淨。社區志工除固定清潔整理外，還在渠中種植水芙蓉、布袋蓮等淨水植物；如今渠溝水質清澈、不再髒亂，久不見的魚兒、水中昆蟲回來了，「生命之河」成為平和人的驕傲。

## 平和夕照景觀平台

　　從平和村犁頭厝排水溝直通花壇鄉，沿線綠野平疇、景色優美，社區志工搭建一座木製的「平和夕照觀景平台」，搭上一旁稻草垛，流露出濃濃的復古情懷。駐足平台上，可以欣賞美麗的日落夕照，平和的夕陽雖沒有海水相輝映，卻別有一番風情──餘暉灑落田園、農夫辛勤耕耘的身影、火紅的夕陽，伴著一群群倦鳥歸巢畫面，安祥和樂、樸實無華。加上四季景色變換明顯：春夏的苗稻，微風吹拂，波波綠浪乘

在平和村，可以欣賞到樸實
安詳的落日景觀。

風而來；秋冬稻穗在夕陽映照下，金黃餘暉交織成最
動人的農村景象，這般景緻，吸引許多來往的過客，
不自覺的停下腳步，享受台灣農村之美。

## 永續傳統好農村

　　隨著時代變遷，平和村在不破壞原有傳統風貌下，
走出自已特有的農村風貌。油麻菜花開花期間，大片
黃澄澄的「黃金花海」遍布村莊，成為親子嬉戲、休
閒野遊的樂園。每年年底至元旦期間，配合花田景觀
精心策劃的「黃金花季」農村體驗活動，內容包括親
子稻田樂樂棒球賽、千人焢土窯、放風箏、稻草人比
創意、騎單車田園踏青等，吸引了許多在地及來自各
地的人潮，每年熱度倍增，不但達到和樂、和諧的目

活力十足的平和社區，日日
都逢春。

的，也為這個保有傳統風貌的農村社區，帶進了更多
商機。縱然經費拮据，且沒有太多公部門補助，居民
仍堅持理想從不放棄，同時自動自發做好環境維護，
連續多年從不間斷，這樣的精神與態度，果真成效卓
著達到良好效益。未來，平和居民將繼續保有純樸、
傳統、潔淨的風貌，逐步邁向成功路，永續傳統好農
村。

「黃金花季」農村體驗活動，內容包括親子稻田樂樂棒球賽、
千人焢土窯、放風箏、稻草人比創意、騎單車田園踏青等，吸
引了許多在地及來自各地的人潮。

社區
總體營造下 的農村

民國80年代初期，
社區總體營造的概念興起，
農村地區的發展有別於過去政府部門主導的發展型態，
農村聚落或社區開始跳脫村、里、鄰形式上的行政組織，
而改以透過在地居民共同的意識和價值觀念進行結合，
形成一股自發性的活力，
進而展現了農村環境與文化上的改變。

# 台西鄉光華村

雲林縣

## 鹽分地帶的綠洲——十張犁庄

台西鄉位於雲林縣最西端，西與台灣海峽為鄰，北接麥寮鄉，東接東勢鄉，南鄰四湖鄉。光華村位於台西鄉境內中央偏南位置，位居虎尾往台西的縣道158號公路與縣道123號交接處，村內最重要的通道為縱貫本村的縣道123號公路，是社區重要交通幹線。

光華村舊稱「十張犁」。據光華村耆老所稱，十張犁地名之由來是在明末清初時期，有十戶丁姓宗族人家至此開墾。一般以一戶開墾人家擁有一張犁，或以犁為戶之單位，故此十戶人家集體開墾之地遂有「十張犁」之舊稱。

日本時期，十張犁與海口庄其他地區一樣，因地勢較低，多沼澤地，海水高漲時便成為水鄉澤國。後來海岸線漸退，此地逐漸有耐鹽分農作。早期有甘蔗種植，收成賣給龍巖糖廠，糖廠則以「債券」支付，可以抵押或易錢。後因「債券」貶值，故遭譏為「糖膏仔」，為溶掉或貶值的雙關語。由此可知當時台灣農民與日本企業之間的剝削關係。

三合院，池塘邊，楊柳垂，光華村在鹽分高、植樹不易的環境裡，展現出綠洲農村的新風貌。

台西鄉光華村在經濟型態轉變與人口外移衝擊下,鄉親們展開社區總體建設與改善運動。圖為光華村全區模型圖。

## 經濟作物生產與鰻苗養殖

光復之後,光華村以甘蔗、棉花、水稻、花生、地瓜等為主要農產作物。民國50年代以後,棉花產業式微,取而代之的是蘆筍的種植與加工。光華村的蘆筍多由農會代收轉賣到褒忠、虎尾、斗南、員林一帶的加工廠,製成蘆筍罐頭之後,絕大部分外銷日本。蘆筍產業曾經支撐光華村的經濟長達二十年,直到民國72年左右才停止種植。在蘆筍之後,農民現多種植短期收成的蔬菜,如紅蘿蔔、包心菜、球莖甘藍、高麗菜等。除此之外,光華村藉著其在地理條件上的優勢,自民國76年起開始養殖鰻苗,並藉由輸日鰻魚市場賺取大量外匯。自此,當地的鰻魚養殖產業也逐漸轉型為加工產業。

不過,和台灣其他的農村一樣,在勞動力持續外流下,農業人口年齡分布也出現斷層現象,平均年齡提高至65歲以上,農業活動也逐漸減少。

## 農村公園化‧社區新風貌

車鼓陣，俗稱弄車鼓或車鼓弄，是流傳於台灣西南部沿海鄉鎮的地方民俗技藝，目前已成光華村一大特色。

在經濟型態轉變與人口大量外移的衝擊下，村內有一群重視鄉土文化、關懷社區建設的鄉親們，開始著手成立社區理事會，積極展開社區總體建設與社區改善運動，使光華村在沿海地區鹽分頗高、植樹不易的情況下，仍有相當傲人的美化成果。例如：村民在各角落栽種花草，將閒置空地改造為「口袋公園」，藉由這個改善農村景觀建設的過程，社區環保義工隊開始積極吸引社區居民投入社區公共事務，加強資源回收，改善居住環境，提昇了農村生活環境品質，社區環境整潔且井然有序。農村景觀的改善，使光華村變成農村公園化，提高村民早晚運動的樂趣，也引發居民重視並愛護自己生長的環境，提昇村民的環境意識。

除此之外，社區也推動專案公共事務、宣導、觀摩等一系列凝聚村民社區意識的活動，在多年城鄉規劃的軟硬體建設後，光華村增加了村民的遊憩空間，也活絡了民俗活動的推動──牛犁陣、車鼓陣等民俗表演，已成為光華村的一大地方特色。

光華村資深的傳統樂師，不僅演出，同時努力傳承教授年輕學子。

## 彌久的記憶──農漁村文物教育展示館

此外，光華村長丁金城先生任內，有感於年輕人對早年農漁村生活型態逐漸淡忘，開始積極奔走，四處蒐集古早農漁村文物，並將村民提供的一棟數十年歷史的閒置農舍，整理成「農漁村文物教育展示館」，陳列著風鼓、牛犁、耙子等農具，還有裝煤炭的熨斗、竹製蒸籠等生活用品，保存了過去傳統農村的記憶。

台西鄉光華村的農村改變過程，可說是運用在地人才智慧、集合民眾參與、發掘地域特性，而創造出老舊農村的新價值；在保留地方文化特色與農村景觀風貌上，展現了農村營造的空間和韌性，成為維持傳統農漁村景觀的典範。

這棟數十年歷史的閒置三合院，經過一番整理之後，成為農漁村文物教育展示館。

農村景觀的改善，使光華村變成農村公園化，提高了村民早晚運動的樂趣。樹蔭下，公園裡經常可見阿公阿嬤相聚一堂。

# 蘇澳鎮白米村

## 漫天塵埃,「灰」之不去

　　白米村位於宜蘭縣蘇澳鎮的東南方,白米溪貫穿其中,三面環山,整個地形呈「甕」狀,因此有「白米甕」之舊稱。早期台灣礦石產業非常發達,白米村並無生產白米,而是以製造水泥原料為主的白色礦石而得名,台灣建材所需物料有八成來自白米的礦石加工廠,雖然社區四周水泥工廠林立,增加了居民就業機會,但顧此失彼,大量的廢氣排放、污水及塵埃,亦造成白米村嚴重的環境污染,污染指數曾一度高達全台之首。隨著環保意識抬頭,礦石產業不再如日中天,夕陽產業的危機嚴重危及白米居民,造成了人口外流、社區人口結構逐漸老化,因此,社區環境及生活品質之改善,成了白米村迫切亟待解決的問題。

## 傳統木屐,再造佳「屐」

　　民國82年,行政院文化建設委員會倡導「社區總體營造」精神,喚醒了全台許多社區自主營造的概念與意識,白米社區亦不例外,在這波「社區總體營造」

白米村過去曾因礦石業的興盛而繁榮,卻也因此項產業帶來的環境破壞而沒落。圖為白米村內的石灰工廠。

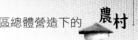

為當地帶入新風貌的白米社
區工藝文化館,是由台肥宿
舍改裝的,為展現當年居民
就地取材的意義,圍牆上仍
保留舊時石頭拼貼的壁畫。

白米社區盛產製作木屐的
「江某樹」。

潮流中,社區居民不屈服於社區衰退的困境,自
我檢索,重新定位,勤訪當地耆老,重新認識了
白米在地珍貴的「木屐」文化。

原來,台灣日本時期流行穿木屐,而白米社區不但
林相豐富,更盛產製作木屐的「江某樹」,在木屐產
業頂盛時期,有了「木屐巢」之稱喻。社區很快確定
了未來的定位,找到純手工製作木屐的傳承人物——
陳信雄老師傅,「木屐」文化產業成為白米社區重生
的起點。村民們開始自組合作社,不分你我團結一
心,共同打拚經濟的同時,也兼重環保,將「產業文
化化,文化產業化」,打響「白米木屐村」的名號。
木屐產銷以及觀光收入,逐年攀升,果真為白米村成
功再創佳「屐」。

## 多元風貌,生「屐」勃勃

為推廣白米木屐文化及產業,村民將廢棄許久的台
肥宿舍與鄰近托兒所重新改建,成為三座相連的木屐

木屐文化館內解說登山木
屐。這種木屐特色是下山時
只要將後面抽掉就能方便行
走,吸引大小朋友的目光。

木屐博物館內有師傅現場示
範木屐製作過程。

博物館，包括：以歷史介紹、木屐展示、餐飲販賣為
主的「木屐博物館」，以木屐販售為主的「工藝文化
館」，以及木屐製作DIY體驗為主的「木屐工坊」；
除提供遊客購物、玩賞之外，更分享了社區文化、藝
術傳承，以及社區改造的歷史。

　　陳信雄老師傅全心投入木屐製作的研發，開發並
延伸多功能的木屐：例如日本人喜愛的「腳底按摩木
屐」，以及目前熱門的「罰站木屐」等；還有外型浪
漫的「心型木屐」及高級精緻的木屐禮品，如雙喜木
屐結婚證書、木屐吊飾、木屐壁畫等。

　　此外，社區發展協會何二郎理事長，更將白米社區
結合宜蘭的歷史、人文及自然特色，加上文化創意經
營策略，發展出宜蘭屐、粽屐、秀士屐、美術屐、文
化屐、跳舞屐等一系列的木屐，推陳出新，將木屐朝
多元、精緻、文化及藝術方向發展，成為白米木屐村
永續經營的不二法門。

## 白米木屐采風行

　　民國95年，白米木屐村開始進駐宜蘭國立傳統藝術
中心的民藝街坊，推出「白米木屐采風行」，全力宣
傳木屐的文化、製作、再造與推廣。現場有手工木屐
工具介紹、木屐展示、電燒木屐、彩繪木屐及皮雕的
木屐皮耳等工藝製作等，供民眾體驗傳統工藝之美。

## 白米心，木屐情

　　陣陣木屐聲，傳遍木屐村，聲聲白米心，處處木屐

俗話說「穿木屐，好賺吃，
金銀財寶滿大廳」，白米社
區發揮創意及想像力，推出
木屐結婚證書，果然深受好
評。

情。「協力木屐鞋」成了白米社區遊客參與度最高也
最喜愛的活動，必須三人同穿一雙鞋，第一位要掌握

好方向，跟隨在後的兩個人則需齊心齊步努力向前行，才能順利抵達終點。這種同心協力、一步一腳的精神，好比白米社區發展的艱苦過程，苦盡甘來的成果，讓造訪白米木屐村的朋友們，在愉悅及滿足的同時，還有一份深深的感動。

白米村的木屐文化產業已然成熟，甚至進駐國立傳統藝術中心，圖為在國立傳統藝術中心設立的木屐製作流程看板。

## 白米吟

蘇澳鎮有一個白米社區
區內的居民真純樸
大家團結來服務
也凍作好咱的社區
咱有志工守望來相助
穿著木屐踩舞步
嘴來唸歌，乎せ乎せ乎せ
乎せ乎せ乎せ，呀乎せ乎せ乎せ

咱有壘球讀書會
嘛有老人來辦慶生會
很多朋友來相找
辦起活動嘛真笑劇
白米心，木屐情
大家攏總真歡迎

這首《白米吟》，是白米社區發展協會理事長何二郎先生自己編創的歌謠，短短幾句話，帶出了木屐村民為家園一起打拚共同努力的畫面。然而，在這歡愉的的歌聲裡，很難想像過去的白米村，曾是全國空氣品質最糟的地區，許多居民極欲搬離，而今脫胎換骨，煥然一新，不僅透過社區力量成立自救會，也與工廠達成協議，將載送礦石的車輛改道行駛並沿路灑水，一抹過去生活在灰塵的夢魘。

## 屏東縣 萬丹鄉崙頂村

### 下淡水溪畔的生態花園社區

崙頂村位於屏東縣萬丹鄉的西邊，高屏溪畔萬大橋下，當地居民大多於明朝末年從福建省泉洲渡海來台。當時，移民分成三派，分別帶了供奉的董公正神、天上聖母、神農大帝遷台，原從台南安平登陸，但由於荷蘭人駐守在安平地區，於是他們順水南下，沿著下淡水溪（高屏溪舊名）至崙頂一帶定居，並將該地畫分成三個角頭，即崙頂角、中洲角及鹽州角。目前崙頂村內的頂頭庄、中站仔及庄尾仔，即是依照當時的三個角頭演變而來。

由於社區地理位置緊鄰高屏溪廣大流域，高灘的溪埔地是枯旱期搶種的腹地，每逢大雨往往洪流漫淹，造成生命財產損失甚鉅，使得當地居民對大水感到恐懼，但另一方面，由上游沖下來的木頭卻可以用來製

隨著時代改變，傳統農業或木工雖逐漸式微，崙頂社區卻走出了自己的一條路。

74

全長2公里的崙頂河堤公園，為萬丹鄉最漂亮之景點。

作各種家用品；早年崙頂居民就是這樣與水相互依賴，然而這情況，在萬丹堤防興築後有了重大改變。

萬丹堤防於日本時期開始修築，總工程歷經十年之久，現今老一輩的阿公、阿祖都還曾親手參與，不過，昔日與水相依的生活，卻也因此被大堤防切斷。由於長堤無人看管，村民將垃圾傾倒於河堤上，形成衛生死角。民國81年，在第一屆崙頂社區發展協會理事長張福僑四處奔走下，鼓勵村民認養萬丹河堤附近土地，打掃環境、修剪花木，讓堤防不再是垃圾場。同時，爭取政府機關的協助，於堤防上種植綿延約900公尺的黑板樹，成為全台首座森林堤防。不僅如此，崙頂社區以帶頭示範的角色，結合當地特色產業，成為別具一格的河堤文化，目前全長2公里的崙頂河堤公園，為萬丹鄉最漂亮之景點。

## 菜砧板與椅寮的故鄉

由於崙頂村地屬高屏溪和東港溪所沖積而成的平原，地勢低平且土壤肥沃，加上地下水充沛，因此特

綿延900公尺的萬丹提防，遍植黑板樹，為全台首座森林堤防。

崙頂村最著名的傳統手工木業,以生產椅寮、菜砧板為主,堪稱台灣椅寮和菜砧板的故鄉。

別適合農業發展。農民主要以種植苦瓜、瓠瓜、菜瓜,以及稻米為大宗;冬季則普遍種植紅豆,整個萬丹鄉紅豆的年產量占全台一半以上,品質優良,所製作成的各式甜點,更是聞名遐邇。部分農民則從事農牧業,以養殖乳牛為主,萬丹鄉是排名全台第二的酪農區,乳牛約有五千隻,牛奶年產量則高達7,800公噸。

　　不過,崙頂村最著名的,還是傳統的手工木業。民國30年代以前,崙頂地區的木工師傅即是竹筒厝的建築專家,到了日本時期,建築材料產生重大轉變,竹筒厝建築行業漸漸沒落,木工師傅紛紛轉行,開始製作一般家庭中所需要的家具,例如:各種不同尺寸的椅寮、板凳、方桌及菜砧板,在產業全盛時期,全村有高達三分之二的人口皆從事相關工作。取材自當地樹種所製作成的家具,雖為手工製作,品質卻十分精良,當年生產的許多木製品,至今仍未除役、持續使用中,甚至被當成古董。

木工師傅正在利用機器切割出菜砧板。

隨著銷售網的擴大，近年由國外便宜勞工所進口的木製品也隨之增多，崙頂社區的木製家具銷售逐漸萎縮，僅剩下國外進口不易、需要良好榫接技術的產品尚能繼續銷售，收入也只能滿足生活之用，並非賺錢的行業。作為台灣木頭板凳的主要產地，雖然今日產業慢慢沒落，至今僅剩寥寥數家，但從別出心裁的村里裝飾，仍可看出村中長輩對於當年以製作板凳維生的日子並未忘懷。他們將村口的標誌做成像花架，上面擺放大大小小的板凳、菜砧和洗衣板等，呈現了特殊地方產業的豐富趣味。

## 崙頂村木工產業銷售網的三個發展歷程

根據當地者老李明元先生口述，崙頂村手工木製產業的發跡與歷程，大致分為三個時期：

一、扁擔時期：民國30年代以自產自銷為主，純手工製造的第一代及第二代的學徒，目前最少也有七十歲以上了。當時所需的木材，是運用牛車腳步蹣跚的運至工廠，再以扁擔步行的方式，將製成品送至鄰近村莊或市集販售。

二、鐵馬時期：由於運輸不便，道路坎坷，為了拓展業務之需，木工師傅經常整個團隊（約三人一組，一位負責生產製造，兩位負責運輸販賣）移師他鄉，向當地的製材所購買所需的木材，然後以純手工方式鑿孔、鑿榫、刨光、上漆，製成後再自行用送到市集去販售。民國40年代開始有鐵馬加入運輸的行列，於是產品銷售的管道更加暢通，以崙頂為中心往外擴展，往南可達恆春、墾丁，往西可達大林浦、旗津、高雄市，向北至府城、內門旗山等地。

三、引擎時期：民國60年代起，機車及貨車加入販售的行列，機器量產，產銷分明，製品已經可以運至全台銷售。

鐵馬時期的木工師傅們，經常三人一組，一位負責生產製造，兩位負責運輸販賣，整個團隊移師他鄉作生意。

儘管資源有限，崙頂社區的
美化工作卻未曾停下腳步。

## 傳統農村裡的社區精神

　　民國80年成立的崙頂社區發展協會，是當地農村
發展的主要推手。在社區發展協會志工們的持續努力
下，將從前被當作垃圾場、雜草叢生的堤防，變成一
個休閒公園，也因為堤防的美化成功，不但讓村民更
關心社區事務，也更愛自己的家鄉。

　　此外，社區更進一步催生了屏東縣第一座自我管
理的「社區淨水生態示範公園」：透過地上舖設的礫
石及所栽種的空心菜，礫石的淨化功能與葉菜類根部
的吸收，可大幅降低家庭污水中有機氮及有機磷的含
量，進而成為較易吸收的無機質，最後再排放至河
流，減少河川的污染。公園內還設有涼亭，是兼具生

態與休閒功能的公共空間，與鄰近的河堤公園及綠色
林蔭大道相互輝映。

　　儘管資源有限，崙頂社區的美化工作卻未曾停下
腳步，村民們各個都是志工，在無人使用的路邊荒地
種植花草，並保持家園四周環境整潔，因此，在多次
社區清潔或社造比賽中，崙頂社區均獲得相當好的成
績。隨著時代改變，傳統農業或木工雖逐漸式微，崙
頂社區卻走出了自己的一條路，使社區得到莫大的自
信心，讓當地的居民，甚至離鄉背井的遊子，都以身
為崙頂的一份子為榮。

從別出心裁的村里裝
飾，仍可看出村中長輩
對於當年以製作板凳維
生的日子並未忘懷。

社區淨水生態示範公園的圍
牆，結合當地生產的木製洗
衣板，形成特有景觀。

苗栗縣 苑裡鎮山腳里

## 苗栗穀倉・藺草之鄉

苑裡鎮山腳里是個純樸的農村，地處苗栗縣境山、海線交通轉接點，也是縣內閩南、客家兩大族群及文化的交融地。區內交通便捷，有中山高、中二高之聯外交通，為苗栗縣新世紀規劃「南苗生活圈」的中心點。由於位居苑裡鎮之地理中心，山腳里三十多年前即為苑裡鎮內農特產品的集散地，因此，居民雖大多務農，卻同時擁有小市集的優越條件。

隨著時代快速變遷，台灣農村面臨青年外流的問題，山腳里亦不例外。在社區總體營造的觀念推動下，居民積極整合地方人文、生態及產業資源，經過多方努力，不但創造優質的生活環境，更尋回了舊有的歷史文物，同時建立起特有的產業文化，例如：獨一無二的山腳國小日式建築、紅磚文化、藺草編織藝術，以及著名的「鴨耕米」等，使苑裡鎮有了「藺草之鄉」、「紅磚的故鄉」、「苗栗的穀倉」之美稱，吸引許多旅遊及回鄉人潮，這樣的希望與活力，賦予山腳里更新的生命力。

老牛、農夫、農舍、六畜興旺……藉由磚雕藝術刻劃出一幅幅動人的農村景象，是進入山腳社區映入眼簾的第一幕。

## 山腳國小日治後期宿舍群

依據《山腳國民小學沿革誌》記載，「苑裡鎮山腳國小日治後期宿舍群」的四棟日式宿舍，分別完成於昭和12～16年（1937～1941年），至今已逾六十餘年，為苗栗縣登錄之第六號歷史建築。這四棟日式建築風格的教師宿舍，呈現出

「苑裡鎮山腳國小日治後期宿舍群」至今已逾60餘年，為苗栗縣登錄之第6號歷史建築，有著強烈日式建築風格，為山腳國小碩果僅存之歷史建築。

日本人生活與建築結合的觀念與方法。有別於山腳社區的台灣傳統農村建築，日式宿舍群每棟均為雙拼式格局，挑高的地板與地面間設置有通氣窗，保持房舍通風；每戶均有玄關、客廳、臥室、廁所、廚房以及前後院；磚造的地基及編竹夾泥牆，外覆檜木板；屋頂則舖設文化瓦，這種建築風格及地域風貌，在當今建築中已難尋覓，也因此成為當地無可取代的歷史見證。

未整修前之老宿舍。

## 苑裡帽蓆與編織產業

從日本統治的第二年開始，苑裡這個小鎮的名字就和帽蓆畫上了等號，化身為帽蓆之鄉，鎮民們扮演著農人、蓆草商、編工、販子、中盤和大盤商的角色，儼然像是一個大型的帽蓆工廠。

根據史料記載，日本時期西勢庄有位名為洪鴦的婦人，雖不曾讀書，但從小聰慧過人，且擅長描繪和刺繡，憑著一雙巧手，嘗試創新藺草編織品，如草帽、草蓆等，並於當地廣為教導。後來日本政府大力推動，「苑裡帽蓆」由一般的手工藝轉為產業，昭

整建後的日式宿舍群。

山腳社區居民編藺研習。

和11年（1936）外銷極盛時期，年銷售量多達一千六百多萬頂，成為全台灣五大特產的第三位，僅次於糖和米。台灣光復後到大陸淪陷前的一段時期，更是苑裡帽蓆的黃金時代。當時主要外銷地區更擴及中國大陸，外銷價格看漲，婦女從事帽蓆編織的工資亦跟著提高。民國38年以後，由於台灣實行戒嚴，產品不再銷往大陸，造成藺草產業衰退。到了民國40、50年代，政府開始推動中學生全面戴童軍草帽，才支撐帽蓆產業不致消失。

洪鴦女士致力於草帽編織的創新與嘗試，對於編織技藝之教授不遺餘力。現在苑裡當地還有她的塑像。

## 苑裡蓆歌

清朝時期，苑裡編藺的風氣傳遍大街小巷，每一戶家庭中不管身為女兒或媳婦，媽媽或婆婆，總是手上草枝一支接著一支編織著，因此，在「重男輕女」的傳統農業社會中，竟流傳著「不重生男重生女」的歌謠：

苑裡婦，一何工，不事桑蠶廢女紅，
十指織織日作苦，得資藉以奉翁姑，
食不知味夢不酣，人重生女不生男，
生男管向浮梁去，生女朝朝奉旨甘，
今日不完明日織，明日不完繼以夕，
君不見千條萬縷起花紋，織成費盡美人力。

（歌謠作者：清朝苑裡貢生蔡振豐）

## 藺草文化館的誕生

傳統產業嚴重受創，帽蓆產業更是一落千丈，為紀念帽蓆產業早期在苑裡的影響，由苑裡農會總幹事鄭炳輝先生首先發起，在行政院文建會和苑裡農會的協助下，一座重拾並創新苑裡文化藝術的「藺草文化館」，於民國93年誕生了。

由舊米倉改建而成的文化館，陳列了相當豐富的藺草文物資料。

這座由舊米倉改建而成的文化館，陳列了相當豐富的藺草文物資料。為推廣藺草文化，館內不但有專人導覽解說，現場還有阿嬤示範藺草編藝，一面展現藺草編織手藝，一面述說著苑裡帽蓆的故事。想試試編藝「手氣」的朋友，現場還有DIY教室，讓您一次編個夠。此外，館內還有農村古文物展示區，展示各項農具，例如：過濾米粒雜質的風鼓、含蓄古樸的紅眠床，以及「阿嬤的灶腳」，充滿著古老回憶與相思。

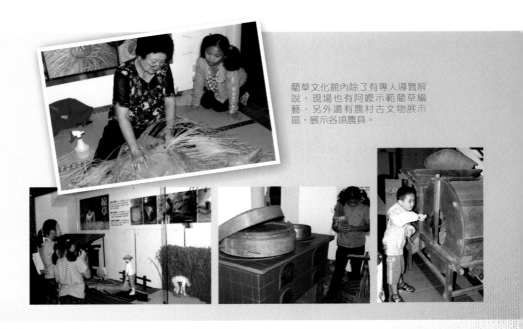

藺草文化館內除了有專人導覽解說，現場也有阿嬤示範藺草編藝，另外還有農村古文物展示區，展示各項農具。

## 鴨耕米

文化館除了展示藺草文化及農村文物外，近幾年隨著「有機」概念的提昇，苑裡鎮著名的「鴨耕米」也成為該館全力推廣展售的農產。所謂「鴨耕米」，簡單的說，就是利用合鴨幫忙除草、除蟲、除福壽螺之方式所生產的稻米，又稱「合鴨稻」或是「鴨間稻」。在山腳里，鴨耕米的生產面積僅約5、6甲地，且集中於火炎山腳下，因產量少、成本高，又不使用化學藥劑，價格高於一般米價甚多，但在健康意識抬頭的今天，仍深受大眾喜愛。

苑裡鎮的「稻鴨庄鴨耕米」就位於火炎山腳下。圖為鴨耕水稻入口處，沒有龐大的硬體意象，而是簡單的木製標示字板，反而更融合一旁的農人與水稻的景象。

愛情果園入口處有著燦爛笑容的娃娃造型、簡單色彩以及雙語標示，像西洋童畫故事般的喜悅，迎接每位造訪的大小朋友。

## 愛情果園

台灣自加入世界貿易組織（WTO）之後，農產業嚴重受創，加上國民所得提高，消費型態也轉向精緻、特色及健康等方向，尤其是農特產品，若不加以包裝行銷，就算再低廉的販售價格，也難以打動消費者的購買慾。山腳社區除將農產品推向精緻、高價位外，農業休閒化已成為當地的一致標的。由行政院農業委員會與地方政府積極地輔導的蕃茄栽培特定專業區——「愛情果園」，即是山腳里另一個重頭戲。園區同樣主打有機與健康，成功使用「水耕」技術栽培蕃茄，提供遊客現採現買。

## 灣麗磚瓦文物館

苑裡鎮還有一項正發光發熱的產業——磚雕藝術。坐落於山腳里的金良興窯業公司，自民國92年起獲經濟部輔導成為「觀光磚廠」，結合製造與觀光特色，為全台唯一開放參觀的磚廠。為朝「生產、生活、

「灣麗磚瓦文物館」，為磚雕藝術產業的延伸，砌磚師傅的好功夫，能不依賴釘子將磚塊緊密結合，形成凹凸有致的牆面。

生態」永續經營及發展，金良興窯業致力於紅磚文化之推廣，並鼓勵發展創意，提供磚雕教學與創作交流活動。與「藺草文化館」異曲同工的「灣麗磚瓦文物館」，為該公司磚雕藝術產業的延伸。在這裡可以看到砌磚師傅們的好功夫，他們不僅利用紅磚胚土製成各種磚雕藝品，更能不依賴釘子將磚塊緊密結合，形成凹凸有致的美麗圖形，此種砌磚技術，精巧又神奇。

## 發揮「聯盟」精神，產業無限生機

苗栗縣苑裡鎮山腳社區致力於社區總體營造的推動，自發性的展現社區的文化與產業，無論是多變的藺草編織、創新的磚雕產業、精緻的水耕蕃茄，以及有機鴨耕米……等，在在展現社區居民用心、自覺的社區營造精神。山腳社區的每個休閒景點，不但具有獨立的設施與特色，同時，居民更發揮「聯盟精神」，積極結合區內的相關景點，鼓勵遊客走訪，為傳統產業延伸出舞台與再造之價值，使得當地產業未來生機無限。

紅磚與藺草都是山腳社區的文化產業，以磚雕刻畫出藺草編織文化，強烈展現地方產業與文化色彩。

# 台南縣 南化鄉關山村

## 「西阿里關」之傳奇

南化鄉關山村位於台南縣最偏遠的東北端,地廣人稀,面積居全縣村里之冠,昔稱「西阿里關」,古時為漢人防備布農族入侵的東側山區防備要地,也是日本時期「焦吧哖」事件主要戰場與避難所,原屬鳳山縣阿猴廳,光復後改稱「關山村」。早期路況險峻、交通不便,以至人跡鮮至,成為匪黨強占之地,也成為流浪人或無家可歸者的棲身之所。然而,還是有人克服這荊天棘地,於此定居開墾。跨越百年時空,關山早不見當年蠻荒之景,但原墾先民的墾荒精神仍帶給後世莫大的感動,「西阿里關」傳奇依舊傳詠著。

## 生態社區之營造

關山村四面環山,為阿里山向南延伸的餘脈,地形狹長而封閉,海拔介於250至900公尺之間,為一丘陵山坡地,後堀仔溪、平坑溪及大竹坑溪為當地主要溪流。179新縣道起於台20線交會處之「上歸林」,

跨越百年時空,關山早不見當年蠻荒之景,但原墾先民的墾荒傳奇依然被傳詠。

## 關山村導覽圖

為落實生態保育，社區發展協會結合瑞峰國小，實施了多項生態推廣及宣導活動。

全長約50公里，以南化水庫為起點至關山村，沿路奇岩巨石、溪谷峭壁環繞，極具山水之美。因地處偏遠，公車和送信郵差都沒有到達，加上地廣人稀，又處南化水庫水源保護區，大自然資源不受破壞，生態與人文景觀皆相當豐富。為保護區內珍貴自然資源與景觀，村民於民國85年成立社區組織，自發性參與營造及生態保育之推廣；88年起更積極推廣南化水庫上游集水區生態保育計畫，將自然生態保育、環保產業創意、自然農法永續等，作為社區發展之重要目標。

### 小小解說員・生態任我遊

為落實生態保育觀念，關山社區發展協會結合當地最偏遠且最迷你的瑞峰國小，實施了多項生態推廣及宣導活動，其中尤以民國96年開始實行的「野生植物解說訓練」以及「生態任我遊」，成效最

在小學生與居民的調查中發現，關山村自然資源豐富，單蛙類就有二十二種之多。

為卓著。在生態觀察教學與資源調查中，學生與居民在當地已發現五百多種植物、二十二種蛙類、十四種螢火蟲、一百二十種蜘蛛、七種蜥蜴、二十種金龜、九種鍬形蟲、二十五種天牛、五十種蝴蝶與蛾類、四十種椿象等，其他尚有數百種未分類的生物。生態保育的宣導和教育，讓學生、居民及社會大眾了解及認識生態保及水資源之重要性。

## 鬼斧神工「大地谷」

關山村之地形，據《台灣縣志》記載，自古即有「天梯石棧、蠻雲瘴霧」之說，時至今日，依然保有著原始、野性、粗獷的天然特質。台南、高雄、嘉義三縣縣界路線及145林道、168林道、胭脂林林道、三泰神木路線，還有瑞峰國小周邊路線等，溪流、林道密布，其中又以奇幻壯麗的「大地谷」為最知名。由於河川長年沖蝕峭壁，刻畫出不同線條，景致特殊有如鬼斧神工。「大地谷」谷口狹窄，進入谷中即豁然開朗，半月型峭壁高聳壯麗，峽谷盡頭瀑布直飛，壯觀非凡。可惜的是，南化水庫興建後，因地處淹沒區，一年中約有十個月封谷，僅於枯水時期才能一窺其景。

由於河川長年沖蝕峭壁，刻畫出不同線條，大地谷景致特殊，有如鬼斧神工。

## 溪谷・瀑布・火金姑

此外,從三條主要河川所分支而出的三十五條小溪流,也是區內特殊地理景觀。由於地殼變動,砂岩、頁岩、變質岩等被推擠,交錯堆疊,加上溪水的侵蝕,石壁層次分明、紋路優美;淵白瀑水從高處傾瀉而下,成為夏天最HOT的天然SPA;大石坪谷、千層岩瀑布、幽情瀑布、大牛林溪瀑布等,都是極具特色的景點;另外,還有日夜燃燒數十年不斷的「出火坑」,於海拔800公尺山腰處,豐沛的天然氣由地層下湧出,熊熊火焰,堪稱奇景。

由於地殼變動,砂岩、頁岩、變質岩等被推擠,交錯堆疊,
加上溪水的侵蝕,石壁層次分明,形成極為特殊之地理景觀。

幽情瀑布。

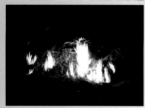

出火坑。

大石坪谷。

螢火蟲為當地生態重要指標,社區居民合力保護與復育,每年4、5月即湧入許多賞螢人潮,數以萬計的「火金姑」飛舞身旁、穿身溪谷與林道,令人驚艷。目前區內約有「大光廊」等二十處賞螢點,點點螢火、美不勝收。

## 麻竹藝品與製糖產業

麻竹為關山主要產業，居民透過手藝發揮創意，製造出竹碗、竹杯、竹鼓及茶壺組等藝品；又因此地林相豐富，擁有多種天然的植物種子，居民於是就地取材，將之結合中國結手藝，兼顧環保與創意；另外還有各式童玩，同樣植入環保理念與資源再利用的概念，製作出竹槍、百變檳榔子……等環保童玩。

有別於一般編織竹藝，關山村的竹製品取材自整截竹節，美觀並兼具實用性。

約在民國40、50年代，關山也是產糖之處，後因當時政令禁止民間製私糖，蔗田逐漸消失，製糖技術無可發揮。民國93年起，在「綠手指生態關懷協會」輔導下，地方居民重操糖業，種植有機蔗，製糖老師父終於可以一展長才、發揮傳統的製糖技術，以純手工方式提煉天然香醇的黑糖，為地方帶來另一波「黑色旋風」。

關山村找回舊時產業，製糖老師傅以傳統手工方式熬煮黑糖，帶動社區另一項生機。

農民正採收甘蔗，用以製糖。

# 茂林鄉多納村

### 高雄縣

## 多納村·魯凱情

　　茂林國家風景區之一的高雄縣茂林鄉多納村，位於荖濃溪小支流濁口溪的小支流濁泉溪南方，京大山北麓約3公里的向南傾斜台地上，海拔約450公尺，是個傳統的魯凱族村落。由於地處深山林谷，村民生活簡樸，世居皆以務農為主。主要作物為水稻、甘藷、玉米，其次是小米、花生和樹薯。根據傳說，黑糯米即是從多納村開始萌芽種植的。

## 魯凱建築──石板屋

　　沿著高132縣道走到底，映入眼簾的，是充滿原始古樸風味的「石板屋」。多納村是魯凱族人聚集的村落，而魯凱人最富特色的文化建築就是石板屋。用來搭建石板屋的石材，多採集自當地出產的黑灰板岩與頁岩，經過切割和簡易加工，成為規則片狀的石板，之後再依石板的質地、硬度、大小形狀，堆砌成柱

怡人的多納山巒景色、田園風光。

採集自當地出產的黑灰板岩與頁岩,經過切割和簡易加工,造出的石板屋,環保又堅固。

魯凱族素有「藝術民族」之稱,其中家屋前的祖靈柱雕飾最為華美,充分展現了魯凱族的藝術天分。

子、地板、牆面或屋頂。這種不需依賴鋼鐵及石灰泥即可造出的屋舍,環保又堅固,不但就地取材,經濟效益極大,而且冬暖夏涼,可說是魯凱族人智慧與力量的結晶。

## 傳統手工藝術

素有豐富想像力和生活經驗的魯凱族人,因創造力十足,而有「藝術民族」之稱。基於生活日常之需,魯凱族人發展出各種取材大自然的手工藝,諸如編織、木雕、石雕等。因此,在多納村中,我們可以見到不少藝品工坊,延續著魯凱族傳統的手工藝,例如:包包、帽子等飾品,以及一般日常用品,如陶壺、木匙、木碗及匏瓢,還有月桃編織的籃子和冬暖夏涼的蓆子等。石雕擺飾更是別具特色,每件藝品都有著濃厚的魯凱風情。

魯凱族人經常將百步蛇圖騰
裝飾在許多生活器物上，像
圖中多納國小的牆面上，就
有百步蛇的圖案。

## 魯凱圖騰——百步蛇

早年魯凱族人開始於此定居時，大多從事狩獵維
生。在深山叢林中打獵，最常遇到的危險就是蛇
隻的侵咬，尤其百步蛇特殊的攻擊方式，更是令
他們又害怕又敬畏。於是他們
相信，魯凱族人的祖先應是百
步蛇所生，而將其侍奉為守護
神來敬拜。現在我們在魯凱族
人家屋的祖靈柱、簷桁、門扉
等木雕上，或魯凱人身上的刺
青、衣服的刺繡、陶瓷、繪
畫，以及各種生活器物，經常
都可見到百步蛇的圖案。

慶典時，長輩們正為孩子編
製小米稻穗，作為年青人訂
情之物。

年年豐年慶，分享豐收的喜悅。

魯凱族人鮮豔亮麗的傳統服飾，展現出多納的活力與風情。

## 豐年慶與傳統婚慶

原住民的慶典多半充滿歡喜熱鬧的氣氛，魯凱族亦不例外，如熱鬧滾滾的豐年慶、幸福洋溢的婚慶等。尤其在傳統婚慶上，魯凱人穿著傳統服裝，頭戴繡有傳統圖騰的頭飾，伴隨充滿活力的歌舞，展露出魯凱族人開朗豪放的性格。在這些慶典中，還結合當地的傳統美食，讓整個活動絕無冷場。這樣的特色慶典也結合廣宣及行銷，讓更多外賓一同分享族人的喜悅及傳統文化之體驗。

## 多納溫泉與吊橋

除了傳統文化，多納的自然景觀也相當獨特，其中最知名、最受歡迎的莫過於泉質優良的「多納溫泉」。60～80℃的溫泉，帶有淡淡的硫磺味；溫泉邊的野溪，也彷彿大自然的三溫暖，嬉游其間，四周山水盡收眼簾！

多納吊橋是日本時期魯凱族人對外必經之徑,也帶動了多納村的起步與發展。

從龍頭山後往美雅谷方向,有座充滿魯凱藝術之美的「多納吊橋」,長約230公尺,高100公尺,是日本時期魯凱族人對外必經之徑,也帶動了多納村的起步與發展,當然,它也是族人與親人、情人的道別之地。置身其中,遠眺陡峭山谷與壯碩溪流,遙想當年多少魯凱人曾淚灑橋上,多少村中往事,盡收納於這多納吊橋上。

## 紫蝶幽谷

大自然的神奇無所不有,多納村所在的茂林國家風景區就發現了一個大奇蹟──紫蝶幽谷。一直以來,全世界有群體遷徙、聚集度冬特性的蝴蝶不外乎墨西哥的帝王斑蝶;近幾年,台灣的紫斑蝶則是初步確認為第二種具有群體遷徙習性的蝶類,目前政府單位已愈來愈重視紫斑蝶保育並加以推廣。每年10月左右,紫斑蝶成群結隊的來到台灣南部的山谷裡度冬,形成「紫蝶幽谷」,其中茂林山谷裡的紫斑蝶最為密集,最多可達數十萬隻,這是世界級的壯麗自然奇景,也是值得保育研究的生態瑰寶。

社區因此自主性的成立「茂林紫蝶幽谷保育協會」,成員中有一部分是學校老師,甚至是民宿業者,他們運用自己的力量推廣保育理念,帶領投宿當地民宿的朋友在休閒度假之餘,認識紫斑蝶的故事與

奇蹟，體驗大自然的奧妙，透過這樣的過程，影響越來越多造訪的遊客，讓保育的概念傳遞出去。

## 原始生態・純淨山林

多納村的自然美景，由於結合了茂林國家風景區，且原始生態未遭受破壞，因此擁有許多珍貴野生動植物，例如：台灣藍鵲、朱鸝、紫嘯鶇、白耳畫眉、灰鶺鴒、灰面鵟鷹、黑鳶、大冠鷲、台灣松雀鷹等鳥類；出沒森林的赤腹松鼠、台灣獼猴、山豬；具有群體遷徙性的紫斑蝶；清澈溪水中，還有豐富魚類生態，例如：台灣馬口魚、高身鯝魚等。

多納村這個原始自然又純淨的山村，擁有多元產業、自然山水，以及珍貴生態資源，「產業文化化、文化產業化」是多納村及魯凱族人的期待與願望，在這幽雅自然的原始村落，除了感謝當地原始生態沒有遭受破壞，也希望未來多納村能夠維持原始的文化，永續發展。

每年10月到次年3月中旬，茂林的紫蝶幽谷裡聚集了成千上萬度冬的紫斑蝶，形成世界級的生態奇景。

民國88年的九二一地震，對台灣農村來說，
雖在物質上被徹底摧毀，
在精神上卻是新的凝聚意識的開始──
災後重建工作站與民間社會服務團隊相繼成立，
全國各地菁英學者、專家、非營利組織及政府部門，
前仆後繼進入震災後的農村，
並以社區總體營造的理念，透過重建過程，
共同參與社區空間之改善、文化產業特色之建立，
找尋農村再發展的空間。
政府部門與民間資源的大量挹注，
使得這些農村在發展上幾乎毫無後顧之憂，
反而展現出浴火重生的奇蹟。

重建再生的農村

南投縣 草屯鎮富寮里

## 災後重生的匏仔寮

舊稱「匏仔寮」的「富寮社區」，是草屯鎮以東的近郊社區，該社區過去屬純樸的農村型態，社區內涵蓋了完整的文教機構，豐富的社會資源是其他社區所望塵莫及的。儘管如此，匏仔寮依然保有農村一貫的樸實內在，彎曲的狹小巷道，看似各自獨立卻又相連的土埆厝，參差錯落其間。然而此景象，卻在九二一大地震中湮滅，一夕間近八成的房舍被夷平，是整個草屯鎮在地震中受創最深的地區。

震後社區百廢待舉，為了激起鄉親的凝聚力，加速社區重建速度，富寮里成立了一支社區故鄉重建隊，廣邀有心人士加入社區營造工作。除此之外，社區和附近的南開技術學院、富功國小等學校組織，互動良好，在重建過程中扮演著重要角色；同時，社區也自行發行《匏仔寮月刊》，提供社區互動及重建的資訊。

乾隆年間，有漳籍李姓墾戶因在此搭寮種匏仔，故取名為匏仔寮，後人取自匏仔寮之近音雅字，將「匏」字代之以「富」字，而成現今之富寮。

富寮里是台灣磚窯業的原鄉之
一，社區內步道特地以紅磚鋪
排村名，以彰顯特色。

## 台灣窯業的原鄉之一

在歷經九二一大地震的浩劫後，富寮社區內許多地
區都已傷痕累累、殘破不堪，但匏仔寮社區中最具特
色的一處文化資產「嘉南八卦窯」卻仍然屹立不搖，
結構仍相當完整，因此後代子孫仍可以從此知道前人
的智慧與創作。以八卦窯的結構可區分為兩種類型：
「大八卦」與「小八卦」，草屯富寮里境內的
八卦窯即屬於「大八卦」。八卦窯之外型極具
特色，設計方面在當時亦極富高度的現代化，
在步入自動化的生產技術中，八卦窯雖已被新
式機械的燒磚方式所取代，但在磚仔窯的歷史
中卻有著不可抹滅的地位。

古樸典雅的紅磚步道，是文化
與休閒的結合。

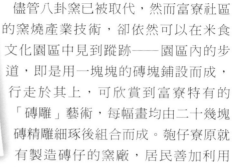

「磚雕」是富寮社區特有的產業技術，像圖中這幅水牛犁田圖，就是由二十幾塊紅磚雕刻、組合而成。

## 磚雕藝術

儘管八卦窯已被取代，然而富寮社區的窯燒產業技術，卻依然可以在米食文化園區中見到蹤跡──園區內的步道，即是用一塊塊的磚塊鋪設而成，行走於其上，可欣賞到富寮特有的「磚雕」藝術，每幅畫均由二十幾塊磚精雕細琢後組合而成。魳仔寮原就有製造磚仔的窯廠，居民善加利用原有資源來進行創作，並開班教授雕磚課程，讓這項藝術得以繼續傳承。

為傳承磚雕產業文化，製磚DIY為當地熱門的特色體驗之一。

## 米食文化區與麻竹筍

　　麻竹筍是富寮社區的一項重要農特產品,每年麻竹筍盛產季節,社區便在南投縣農業觀光藝術文化協會的推動下,舉辦「匏仔寮麻竹筍文化節」,讓民眾在炎炎夏日中,可以品嚐到麻竹筍特有的清脆甜美,並精心安排一系列親子同樂活動,讓民眾共襄盛舉。

大家猜得出這盒子是用來裝什麼的嗎?為結合當地窯業及農產特色,這特型的陶製橢圓盒內,裝的是地方特色簧(如筍簧等)。

麻竹是當地重要產業,筍飯更是香Q可口,令人回味。

在「匏仔寮麻竹筍文化節」中,民眾可有機會親自動手烹煮,體驗傳統美食之樂。

## 大虎山植物生態區

　　在享受可口的竹筍饗宴之後，走一趟大虎山植物生態區，沿途景緻優美視野遼闊，站在山頂上可眺望九九峰，山區的生態資源豐富，是提供學校作為戶外生態教學的好去處。

沿著大虎山生態步道往前行，來到視野遼闊的觀景台，可遠眺九九峰。

在農業觀光藝術文化協會李朝清理事長的導引下，通往大虎景觀台的小徑，捨水泥不用，改採生態工法，以碎石鋪設了這條自然小步道。

## 英義堂金獅陣

　　有鑑於文化傳承的時代意義，鮑仔寮社區在九二一地震過後，進行災後重建工作的同時，居民亦展開傳統文化活動與藝術的傳承與回復。富寮里英義堂金獅陣在沉睡多年後，鑼鼓再度響起，不但喚醒了居民心

一年一度的麻竹筍文化節,結合文化與藝術,展現產業特色,除了麻竹筍饗宴,在苞仔寮流傳已久的金獅陣,也為活動帶來熱鬧高昂的氣氛。

裡火熱的情感,更凝聚了社區居民的向心力;英義堂金獅陣的浴火重生,為社區帶來了活力與希望。在舉行傳統拜師習藝的古禮後,富功國小的小學生們在家長及地方首長的見證下,成為英義堂金獅陣的接班人,使得英義堂金獅陣得以在富寮社區代代相傳、生生不息。

## 苞仔寮新氣象

社區的發展,需要居民共同努力與打拼,善加利用地方的優勢,結合在地的生產、生活、生態以營造地方的特色和風貌,吸引更多人潮湧入並參與社區的活動,必能創造更多的商機,為居民增加就業機會。富寮社區具有豐饒的農產、人文資源與特殊地理環境,並且在一群默默為社區付出的志工們的耕耘下,已得到相當豐碩的成果,未來,若能凝具更多居民的共識,為家鄉發展努力,並帶動社區的繁榮,草屯苞仔寮社區必將呈現不同的氣象與風貌。

樂觀活力的社區媽媽們,平日就在這自然清涼的竹林裡,跳著苞仔寮獨有的竹林土風舞。

## 台中縣 石岡鄉梅子村

### 水果的故鄉——梅子村

梅子社區位於大甲溪南邊,南與新社鄉中正村相連,東與土牛村為鄰,西與萬興村為界,是石岡鄉面積最大、人口最多的客家農庄,與東勢地區同屬全台唯一的「大埔客群」。民國60年之前,梅子村大多以耕稻為主,後有少數農家轉作葡萄,民國70年後,開始有人種植梨子,數年間,已從少量的橫山梨,擴增為現在高量產的高接梨,種植面積寬廣,改變了整個農莊景觀。由於地處山城,氣候與土壤得天獨厚,適宜水果生長;加上梅子村民本具客家人勤苦儉樸的天性,讓區內水果一年四季種類豐富:除青脆多汁的高接梨、清香金黃的義大利葡萄,以及有「台農甜蜜桃」之稱的甜桃及楊桃等等,不但產量富、品質更優,堪稱水果的故鄉。

一陣天搖地動,轟隆巨響,那一夜,造成了多少天人永隔、震毀了無數家園,這就是百年大地震九二一最深刻的紀實。九二一地震對台中縣石岡鄉亦造成極

從位在梅子村入口的梅子景觀陸橋,就知道梅子村是水果的故鄉!

大的災害，其中又以梅子村最為嚴重，全村大約六百
多戶，全、半倒房屋竟高達四百多戶，死傷慘重。面
對這前從所未有的、煉獄般的景象，地震後的梅子村
居民，發揮刻苦耐勞、勤儉樸實的客家精神，開始邁
出艱辛坎坷的重建之路。

## 五分車懷舊公園

「羊咩咩十八歲，坐火車，坐到哪？坐到梅樹下，
看到一包米，拿米打糍粑，食糍粑，沒糖好搵，搵泥
沙。」這一首客家童謠，讓梅子村民憶起早年五分車
的行駛盛況。日本時期，不論八仙山砍伐的木材或平
地生產的甘蔗、甚至山城四鄉鎮（石崗、新社、東勢
及和平）的居民出入於豐原，皆以「五分車鐵路」為
交通工具。

這條五分車鐵路建於民國13年8月，全長為13.1公
里，由豐原為起點，經翁子、半張、朴子、埤頭、石
崗、社寮角、梅子、土牛至和盛，可接上林業鐵道通
到八仙山。由於軌距為0.762公尺，約為歐美標準軌

五分車懷舊公園不但是居民
的新樂園，也是當地最HOT
的景點，更是村民的精神保
壘。

日本時期，不論八仙山砍伐
的木材或平地生產的甘蔗、
甚至山城四鄉鎮的居民出入
豐原，皆以「五分車鐵路」
為交通工具。

受到地震板塊擠壓而凹陷形
成的生態池，自湧泉水，成
為地震後的奇蹟。

距1.435公尺的一半，因而稱為「五分車」。民國49年8月1日，五分車鐵路遭到雪莉颱風的肆虐，損壞嚴重，由於修復經費龐大而於民國50年拆除，結束五分車的歷史軌跡。居民為緬懷這段歷史，於是興建了「五分車懷舊公園」。

公園原為震災後廢棄的托兒所空地，在居民共同努力合作下，滿目瘡痍的荒地重現往日美景。為緬懷五分車鐵路，居民在新建的公園裡擺放當年的鐵路橋墩及枕石，並且特地仿造早期五分車車站地景，種了兩棵大梅樹。

很多社區都有生態池，有些是人工施作，有些則是天然泉湧，而對於被九二一地震重創的梅子社區而言，這座位於「五分車懷舊公園」旁的生態池更是別具意義。地震後，活動中心附近的地面板塊隆起，僅有一處是凹陷的，當活動中心拆除後，發現這凹陷之

處竟有天然泉水湧出，儼然自成一塊多彩多姿的生態池，孕育著許多小生命，如紅冠水雞、貢德氏赤蛙、澤蛙、白鷺鷥……等生物。此一震後奇蹟，為居民帶來重生的力量。

## 長亭外‧梅子古道情

石岡國中為全鄉的最高學府，設置於石岡鄉第三公墓旁。據說，石岡國中未設立之時，國中巷尚未開通，此條古道即為土牛村、梅子村及萬興村居民喪葬行列必經之徑。據耆老傳述，當時有位郭南先生，為方便人們行走，而以石塊慢慢砌成石階道路。沿著石階，到電火圳邊，還建了一座六角涼亭，供扶靈隊伍在此休息。

石岡國中旁這條將近百年的古道，早期曾為喪葬行列必經之路。

石岡國中創校後，這條古道也成為學子求學之道，當年為興建校舍，學生上學時，還須順便搬兩塊磚塊上去，校園創建艱難可見一斑。興建之後的校園，風景雅緻，正面遙望大甲溪，可俯視梅子全村，旁有先人庇佑，石牆雕刻的水牛、牛車輪牆，刻畫出石岡國中學子刻苦耐勞的精神。近年來，國中巷通車後，梅子古道漸被遺忘，幾乎湮沒荒草中，村民為重拾古道回憶，開始執行清理與維護工作，再加上當地環境無受污染、無光害，生態相當豐富，逐漸吸引喜愛休閒及探索台灣動植物之人群。

## 東豐鐵道‧綠色大甲溪

東豐綠色走廊即昔日的東豐鐵道，這條鐵道於民國

東豐綠廊單車道上，兩句簡單標語即讓人感受到梅子社區的環保精神。

48年完工啟用，是當時居民通往東勢及豐原主要交通工具。民國75年後，小客車愈來愈多，公路交通更是便捷，東豐鐵道在年年虧損的狀況下，民國79年終被迫停駛。

由於東豐鐵道橫越全村，停駛後沿線雜草叢生，嚴重阻礙地方發展。民國88年，經台中縣政府改建為自行車專用道，成為「東豐綠色走廊」，全長約12公里，是全國第一條由廢棄鐵道改建為自行車道的腳踏車專用道。騎著鐵馬來到橋中央，可以欣賞壯觀的大甲溪景，黃昏與入夜景色，各有風情。綠廊兩旁的綠化林，更是令人心曠神怡，因而有「綠色的大甲溪」之美喻。

## 社區重建．落實社造

七二水災後，大家同心整頓重建，照片為居民致力牆牆植栽與施工情形。

地震後，梅子社區不但沒被震垮，還越挫越勇，在社區發展協會帶領下，承先啟後陸續運作，例如：媽媽教室、土風舞班、社交舞班、長壽俱樂部、網路水果直銷合作社、守望相助隊、環保義工隊，還有一

繼九二一後，梅子續又遭受七二水災的重挫，此景不過當年受害景象之一隅。

110

般農村社區較罕見的「社區戲劇班」，一齣齣感人劇碼，訴說著地方的傳說與故事、人文與歷史，也傳達出九二一的辛酸淚與重建史。

另外，代表客家傳統的伙房文化與建築，亦是社區努力保存的重點。古色古香的「劉家伙房」與「林家伙房」曾是全鄉最具代表性的歷史建物，然一場地牛翻身，使這些已逾兩百年的特色三合院毀於一旦。震後，在各方共識下，「土牛客家文化館」在劉家伙房原地以原貌重建起來，成為東豐綠廊的景點之一。

在梅子社區發展協會的帶領下，地方人力與社團凝聚同心，無論是社區美化、人才培訓、文物蒐集、風貌重建，以及生活品質的再提昇，都有著實質的績效。「淡淡的梨花香，濃濃的人情味」，此為郭光勇先生(現任村長)對這個充滿鄉野氣息的美麗村落之描繪。帶著這份純真與溫馨，梅子社區的居民還會持續努力，落實客家人所說的「硬頸」精神，開創梅子新風情。

土牛文化館是石崗鄉的文化堡壘。圖為文化館落成典禮。

南投縣 埔里鎮桃米里

## 遺忘於世的桃米生態村

　　坐落在埔里鎮中心西南方與日月潭間的美麗山村「桃米里」，俗稱「桃米坑」，有桃米坑溪、茅埔坑溪、紙寮坑溪、中路坑溪、種瓜坑溪及林頭坑溪等大小溪流流經全村。由於沒有遭到破壞，流水清澈，植被鬱閉，各種谷地、溪岸、低地，天然水塘及溼地，始終保持著自然而原始的狀態。區內長年以種植茭白筍、麻竹、菇類、花卉、蔬菜等農作為生，尤其麻竹，是當地農業經濟的主要來源。

　　儘管擁有如此豐富的自然資源，和其他傳統農村地區一樣，桃米社區在地震之前，也因為地處偏遠、產業經濟蕭條，村內巷道環境髒亂，村民對於社區公共事務並不熱衷，除了廟會或里民大會之外，幾乎沒有什麼社區共同的交集；留下來的老輩逐漸凋零，年輕人則陸續離開故鄉，對自己的社區不甚瞭解，更遑論外界會知道桃米社區這個地方。

## 以生態資源重建桃米願景

　　九二一地震重創桃米里，三百六十九戶住家有一百六十八戶全倒，六十戶半倒，房舍毀損慘重，面對殘破家園，社區居民無不心情茫然沈重。然而，危機就是轉機，震災之後，桃米社區成立「社區重建委員會」，並透過「新故鄉文教基金會」的整合與輔導，陸續申請了整建計畫、職訓計畫及生態觀光的示範計畫，

佇立在桃米生態村入口的竹編大青蛙，正迫不及待的準備告訴參訪的遊客，一段家園及信心重建的故事！

桃米社區導覽圖

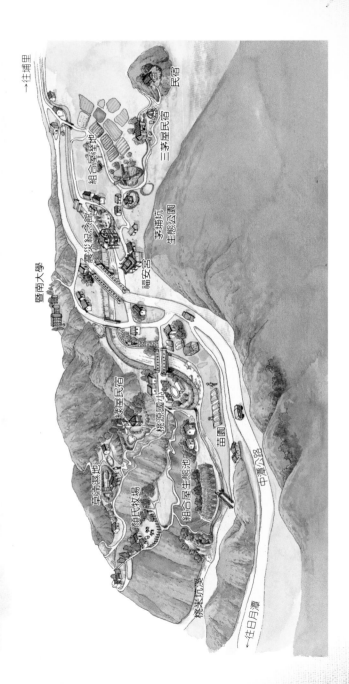

→往埔里

民宿

三茅屋民宿

茅埔坑
生態公園

福安宮

暨南大學

震災紀念館

組合屋基地

綠屋民宿

桃源國小

苗園

草南濕地

顏民牧場

組合屋生態池

中潭公路

桃米玩潭

←往日月潭

並引進另外兩個專業團隊，包括：「世新大學觀光系團隊」，協助輔導朝向農村休閒觀光與民宿餐飲經營，以及「行政院農業委員會特有生物保育中心」，深入社區，帶領居民進行生態資源調查，並且推動生態工法及教育，使得整個社區迅速凝聚起未來發展方向。

桃米社區的「親水公園」，擁有豐富的自然生態，是大小朋友的快樂天堂。

桃米社區到處可見台灣原生植物，像是竹柏、刺桐、春不老、白色野牡丹、香楠、桃實百日青、海桐、馬鞍藤、穗花棋盤腳、瓊崖海棠、蓮華池枵木、呂氏菝契及南投菝契等，也因此繁衍出豐富的生態：隨處可見的猩紅蜻蜓、金黃蜻蜓、善變蜻蜓、紅腹細蟌成群飛舞，斑龜、小白鷺已是桃米的長期住戶，貢德氏赤蛙、腹斑蛙、白頜樹蛙、小雨蛙叫聲更是此起彼落。針對如此原始豐富的生態資源，桃米人開始營造特色生態景觀：在溼地和溪流，他們以原始土堤、砌石及原生植物，建造平緩、多孔隙、多彎曲、多樣性及親水性的環境，適合青蛙、蜻蜓、水鳥及原生植物繁殖，不僅植物繁茂生長，蛙鳥蟲蝶也相繼在此駐留、鳴唱。

位於桃米坑溪中游的「水上瀑布」，是桃米人休閒、戲水的好地方。

## 生態旅遊成為產業發展重點

透過不斷的學習及參與過程，居民的生態概念慢慢萌芽，除了參與社區的生態資源調查、社區環境的綠美化、建立原生苗圃與溼地，還取得社區生態解說員

及民宿經營的認證，這些都是桃米社區能夠成功轉型的基礎，也使得桃米社區在震災後，成為眾所皆知、首屈一指的生態村。做客桃米，夜晚可選擇具有濃濃生態味道的民宿，除了可欣賞全台最龐大的青蛙交響樂團，為大家演奏最震撼的交響曲外，這裡的民宿主人多數領有蛙類、鳥類或蜻蜓等的生態解說員證書，提供您豐富有趣的生態學習之旅，了解融入大自然的可貴，分享浴火重生的桃米。

　　桃米社區得天獨厚的自然條件，加上桃米社區居民努力學習，散播生態種子及照顧生態環境，讓社區生態資源在獲得保育的同時，更能以休閒產業的面貌展現於大眾眼前。佇立在桃米入口的竹製大蜻蜓，正迫不及待的準備告訴參訪的遊客，一段家園及信心重建的故事呢。

草湳溼地是桃米村最大的溼地，在當地居民的致力保護下，成為觀察自然生態的熱門景點，也是桃米的寶藏。

## 南投縣 鹿谷鄉內湖村

### 三多三好‧山中仙境

　　位於南投縣鹿谷鄉之內湖村，沒有引人注目的名氣，但許多人卻曾來過或經過，因為著名的「溪頭森林遊樂區」即位於其轄區內，同時也是前往「杉林溪森林遊樂區」的必經之地。

　　內湖村氣候溫暖、雨量充沛，最特殊的是，轄區海拔高度落差極大，由位於500公尺的北勢溪，至2,025公尺的嶺頭山，相差達1,500公尺，也因此擁有非常豐富的自然生態。由於地理景觀上的「三多」：森林多、竹林多、石頭多，再加上「三好」：氣候好、景色好、人情好，使得鹿谷內湖村彷彿山中仙境。

### 內湖村兩大農產作物

　　1.竹：村內主要栽種孟宗竹、桂竹、麻竹等。竹子全株皆有使用價值，可運用於食、衣、住、行、育、樂各方面。老化的地下莖、竹桿基部常用以製作藝術品；竹桿部分，整枝可作為鷹架、房舍建材，剖開後亦可編織成多樣化的日常用具，例如圍籬；竹枝則可

鹿谷鄉內湖村山區森林茂密，置身其中，彷彿仙境。

內湖村內種植大量竹子，長成後的竹子全株皆有利用價值。左圖這座涼亭，從屋頂到桌椅，全部由竹子編製而成。

置於屋頂，作為美化裝飾，綁成整束後，還可作為掃把等清潔用具；而竹子長出的竹筍，則可供食用。

2.茶：鹿谷鄉所栽種的烏龍茶，香氣深沉而甘醇，是帶動台灣半球型包種茶的鼻祖。近年來，茶業種植雖轉往海拔較高的高山地區發展，然經三十多年來的實作累積，茶農們在製茶技術方面，多已具豐富經驗及知識。

## 特色產業：岩礦壺

位於內湖村的「壺蝶窯」陶藝工作室，是由被譽為壺藝界傳奇人物的鄧丁壽先生所創立。鄧丁壽先生最為人稱道的，是他打破四百年來宜興壺的形式制約、創造底流式的古逸壺，古逸壺之特色，為其造型不受壺體上的流、鈕、耳之格局限制，除去了壺嘴，另製「氣密座」之必要配備，

「壺蝶窯」陶藝工作室，由壺藝界傳奇人物大師鄧丁壽大師所創立。

襯托出壺的整體美感。近年來，更秉持：「陶土是肉、岩礦是骨；有骨有肉才能成體、有骨氣」之理念，以台灣岩礦為素材，配上原本純熟的陶藝技術，創作出深具台灣本土味的茶器具。此外，岩礦所富含

## 梨皮石

梨皮石屬於火成岩中之玄武岩，表面有凹點，酷似水梨皮上的斑點紋，故稱之為梨皮石。源自鳳凰山山脈村內的財仔溪擁有不少的藏量。內湖村內的「壺蝶窯」陶藝工作室，便是利用此礦石入陶，製作岩礦壺、杯等作品。

壺蝶窯裡陳列了鄧丁壽老師的許多陶壺作品，這些作品多以大自然為題材，如清晨、晚霞、雲彩、螢光及植物等，刻畫陶之另類世界。

輕軌車道（上圖）、木馬道
型式木棧道（左圖）的施作
是社區歷史文化的尋憶呈
現。

的微量元素，據說能讓茶去澀存甘，增加茶湯的溫潤
口感呢。

## 內湖社造的精神堡壘：三生緣區

九二一大地震為鹿谷鄉內湖村帶來嚴重創傷，舉凡
屋舍、產業、道路、排水、公共設施，乃至於自然生
態環境，無一倖免。民國91年，配合九二一震災災後
重建推動委員會之重建區社區總體營造實施計畫，希
望能實現生態保育、生活歷史、生計產業兼顧之「三
生」理想，而「三生緣區」便是內湖村展現三生精神
的起點與堡壘。

三生緣區內有以下特色景物：

輕軌車道與木棧道：運木輕軌車道最初設置於民
國14年，由車輄寮(今廣興村)至溪頭，為運送砍伐自
溪頭、杉林溪之木材所闢建，民國52年，延溪公路開

竹林步道生態豐富，全部路程皆處在清靜幽雅的孟宗竹林蔭中。

關完成後遭到拆除。位於三生緣區內的這段輕軌車道，長160公尺；園區內並施造挑高式木棧道、砌石擋土牆、生態化山溝，展現出對大自然生物的尊重。

生態池：園區內的生態池，是觀察自然生態的好所在。這裡的蜻蜓、豆娘種類多達十來種。蝴蝶數量雖不龐大，但種類也不少，黑鳳蝶、青斑鳳蝶、小灰蝶、樹蔭蝶、蛇目蝶，隨時會從身旁翩翩劃過。

夢中林步道：位於「三生緣區」旁坡地，步道全程長888公尺，共有一千八十個階梯。其路程可分為兩路段：第一段長504公尺，為爬坡路段，第二段長384公尺，為下坡路段。全部路程皆處在孟宗竹林蔭底下。其中有數處可清楚眺望內湖莊聚落及群山樣貌。若於晚間步行其間，可欣賞到數種螢火蟲在孟宗竹林間飛舞的景觀，並可聆聽到艾氏樹蛙單聲輕脆的叫聲。

社造竹苑：與「三生緣區」僅一線之隔，由於此工程從需求、規劃、設計、施作，皆由在地居民一手

居民運用巧思，將破壞景觀的水泥柱重新以竹編做了完美的包裝。（左圖）

社造竹苑區內介紹多種竹類及用途。（右圖）

主導包辦，過程相當符合「社造精神」，且建材全為地方特產「孟宗竹」，因此取名「社造竹苑」。目前為社區辦理小型集會的活動場地。

## 全台第一座生態森林小學

內湖國小是內湖村內唯一的學校，也是全台第一座生態森林小學，在九二一重建計劃中，屬於最慢完成重建的學校之一，共歷經四年九個月始打造完成。其規劃、設計及建造過程，因廣納各方意見，使得校園景觀與內涵均能與內湖村地方景觀、人文特色相結合，校園建築形式獨具一格，因此也成了遊客們參訪率最高的學校。

不要懷疑，這不是民宿，而是全台最美麗的森林小學——內湖國小。

## 嘉義縣 梅山鄉瑞里村

### 大阿里山區的小山城──幼葉林

　　位於大阿里山區的小山城──嘉義縣梅山鄉「瑞里村」，海拔約在1,000至1,200公尺之間，全村為清水溪的支流科仔林溪所切割，縱切成幼葉林、九芎林及科仔林等三個河谷高地，當地人稱為「三粒山」，因高地腹地較大，也是瑞里聚落分布的主要地點。其中，幼葉林聚落銜接太和、草嶺及嘉義地區，是地方發展的中心。日本時期的瑞里，因「幼葉仔」(即樟葉楠)等樟科樹生長茂密成林，而有「幼葉林」之稱，直到民國35年，經政府重新規劃後，「瑞里」之名始出現於梅山18村中；至今，村內部分舊門牌上還寫著「幼葉林xxx號」。由於盛產樟葉楠樹，亦成為台灣樟木製作「牛車輦板」(牛車的車輪)之發源地，可惜因過度的闢地開墾，多遭砍除，茂密成林的光景已不復存在。

### 瑞里古今史

　　據鄉里耆老口述，在清朝嘉慶年間(約1797)，即有漢人先民移居至此。到清朝同治年間(約1870)，先民視瑞里當地資源豐富值得耕作，遂與居住在那裡的鄒族原住民協商，以布、鹽、刀、鼎、火柴等五項物品換取現在的瑞里村(即幼葉林、九芎林及科仔

創立於清同治10年(1871)的源興宮，供奉太子爺、三官大帝、福德正神、五府千歲等神明，是瑞里居民的信仰中心。

梅山瑞里村導覽圖

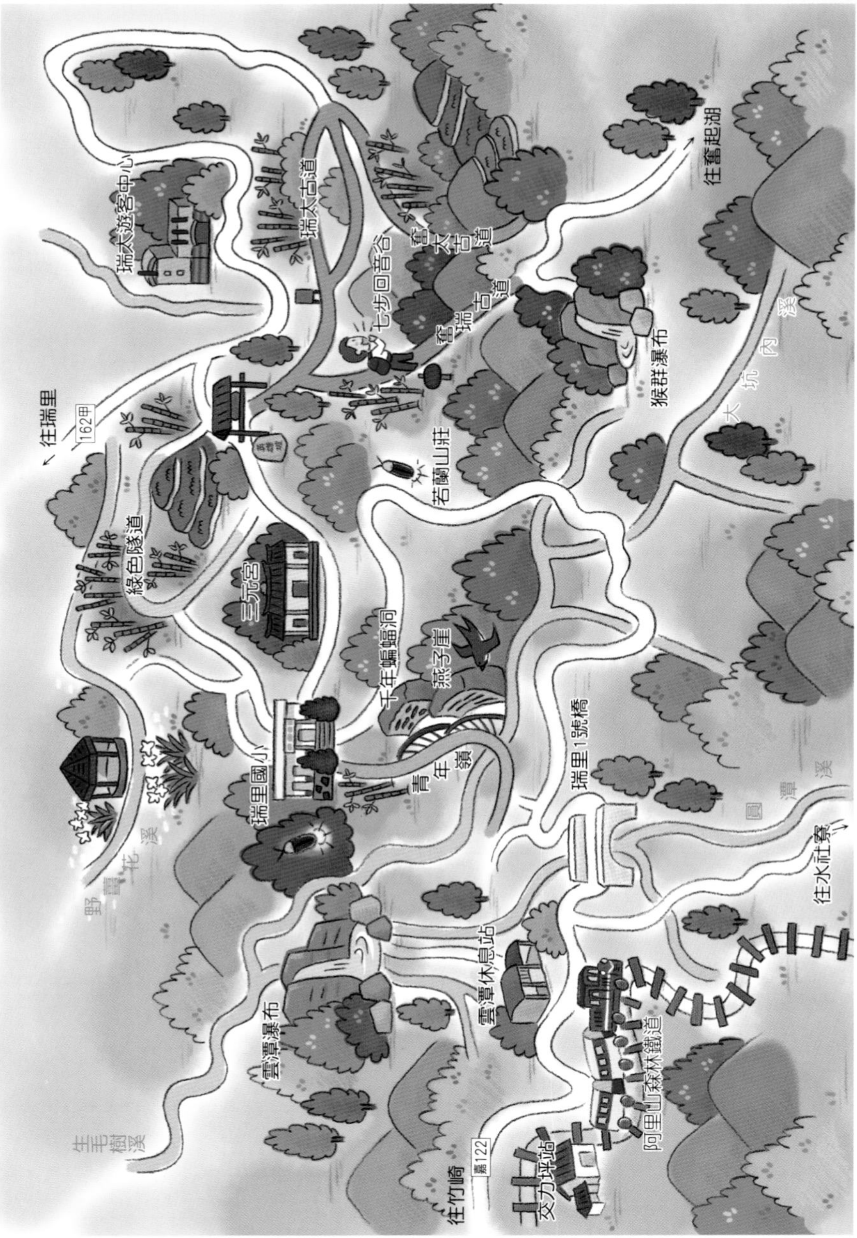

往瑞里
162甲

瑞太遊客中心
瑞太古道
ㄗㄨ回凸谷
瑞太古道
往舊社湖
猴群瀑布
大坑凹谷

綠色隧道
若蘭山莊
三元宮
千年蝙蝠洞
燕子崖
青年嶺
瑞里二號橋
圓潭溪
往水社寮

瑞里國小
野薑花溪

雲潭瀑布
雲潭水鳥站
阿里山森林鐵道
往竹崎
嘉122
交力坪站

生毛樹溪

林等三粒山）。先民們在此砍樹燒炭，做成火炭種，並挑到平地城市販賣。後來他們發現，坡地的坡度不陡、且土質肥沃，適合種植蕃薯、玉米以及稻米等農作物，於是攜家帶眷上山定居，工寮成為房舍，開始自給自足的生活。至於坡度大的地方，則種植桂竹、孟宗竹、麻竹等竹類，用來修築屋頂及製成竹桌、竹椅、竹床、竹枕、竹櫃等家具，從此，竹子便成了瑞里居民日常生活中不可或缺的作物。

茶是瑞里重要的產業。

## 重建後的春天

「山窮水盡疑無路，柳暗花明又一村」，這是瑞里國小教師結合社區熱心人士共同創輯的教材《瑞里情懷》中對瑞里的形容。早年，「瑞里八景」活躍於登山健行界，是繼「溪阿縱走」後的熱門路線。民國85年的賀伯颱風，嚴重損壞了瑞里整個大環境，「瑞里八景」也因此沉寂低迷。民國87年的「七一七瑞里大地震」，更是震驚全台，向來以觀光、茶產為主軸的瑞里村，也在這場浩劫中遭受莫大折損，尤其溪流長期沖刷山壁，加上颱風季的侵害，柔腸寸斷，成為亟待重建的農村之一。所幸天無絕人之路，在政府及各界的輔助下，讓居民獲得心靈與環境的雙管重建，終能走過創傷，樂觀面對未來，也更懂得尊重大自然。之後，九二一驚天動地的巨震，雖然撼動了整個瑞里山區，卻也因此形成多處瀑布和奇特地形，而有了全

新的「瑞里八景」，使得觀光、茶產業得以重現及發光。

## 瑞里新八景

　瑞里主要景點原有三線，各個景點皆有步道相連。第一條路線是從瑞里到交力坪之間，雲潭瀑布、燕子崖、千年蝙蝠洞及青年嶺等皆位於其間；由瑞里到奮起湖則為第二路線，沿途景點有瑞太古道、回音谷、迷魂谷等；第三條路線包括石厝、猴群瀑布和綠色隧道等景點。不過，受到九二一地震的重挫，其中的「迷魂谷」與「猴群瀑布」亦隨著地震而消失，這些原始風貌從此走入歷史。

　1.雲潭瀑布：素有「瑞里第一景」之美稱，瀑布共分三層，約200公尺高，由巨石縫隙傾瀉而下的瀑水，氣勢磅礡，彷如巨大白龍自瀑面飛竄而出，只要挑戰五百四十多道階梯，即可置身其中，感受令人讚嘆的自然美景。

　2.燕子崖：如屋簷般伸展而出之峭壁，傳昔日為燕子築巢之處，峭壁上布滿許多細孔，並呈條狀分布；峭壁下方為步道小徑，下雨時泉水從上瀉下，如置身水濂洞中。

雲潭瀑布。

燕子崖。

千年蝙蝠洞。

青年嶺。

3.千年蝙蝠洞：與燕子崖相連，約100公尺高、200公尺長，乃當地歷經數百萬年，在豐沛雨水與強風侵蝕下，形成的陡峭溪谷岩崖。岩壁上大大小小石洞數千個，十分雄偉壯觀。

4.青年嶺：為瑞里新興的休閒登山景點。全程雖僅約1公里，卻有一千六百多個台階，平均坡度達60～70度，是挑戰體力與毅力的休閒活動。步行其中，可見到早年農民製作簑衣的「山棕」，還可聽見五色鳥悅耳的啼聲，偶爾還有機會與台灣獼猴不期而遇哦。

5.綠色隧道：沿途盡是孟宗竹、桂竹、柳杉林的「綠色隧道」，全程約1.5公里，是一條原始自然的環狀步道，早期為農路，現則為休閒遊憩的綠色幽徑，周邊布滿蕨類及青青茶樹，隨著四季、晨昏之異，而有迥然不同的景象與風貌。

6.石洞古厝：瑞里風景區常見天然的石洞，此地質景觀是由於當地的砂岩含豐富石灰岩層，河流長期侵蝕下來形成山邊凹地，過去經常有當地人以此為家，形成石厝。

7.瑞太古道：歷經百年的「瑞太古道」，全長約5公里，沿途青翠竹林彷如武俠幻境，幾可媲美電影

瑞太古道沿途竹林茂密青翠，幾可媲美電影「臥虎藏龍」中的竹林場景。

「臥虎藏龍」的竹林場景。古道中還有著名的「回音谷」，走在空谷中，可感受百分百的回音效果。

8.長山觀日峰：位於稜線上的「長山觀日峰」，顧名思義，為觀日的最佳景點，瑞里的日出與雲海、玉山的皓皓白雪、來吉村的鄒族風光等，盡在長山觀日峰。

陳獻堂宅主體為上等木材，雖越百年但保存完好，目前仍有後代居住。壁上古畫至今仍清晰可見。

## 古宅與休閒民宿

瑞里至今仍保存著數幢超過百年的古宅，這些古色古香的三合院，乃地方的文化寶藏。其中較有名的是幼葉林45號的「陳獻堂宅」，這幢古宅住過三代人；還有「劉寧恭古宅」，雖無華麗的雕龍粉飾，依然散發莊重古樸之風。

瑞里將地方產業結合休閒概念之後，民宿也如雨後春筍般出現，因保有當地自然景觀，也成了獨樹一格的特色產業。

苗栗縣

# 南庄鄉東河村

## 瓦祿文化・東河采風

　　東河村位於苗栗縣南庄鄉境內，居全縣的東北邊，是座典型的山地村落。村內居民主要包含三個不同族群：最早居住群為賽夏族人，稱當地為「瓦祿」（walo'，蜜蜂及糖之意），定居於向天湖、大窩山、大竹圍、鵝公髻及東河等部落；之後有泰雅族，於鹿場、鹿湖、石壁及東河等地定居；至於客家人，則居住於橫屏背、陸隘寮及東河等地。早期先民們因居住或生活習慣不同，經常發生爭執，但現今早已互相包容、相處融洽，甚至在人文風俗上皆會互相影響，但由於原住民人數居多，約占70％，村裡的文化活動也染上濃厚的原住民色彩。

## 石壁部落與染織工坊

　　位於東河村內的「石壁部落」，地處加里山支脈旁，山脈有面天然峭壁，當地泰雅族人稱為Raisinay(即「峭壁」之意)。石壁曾是個熱鬧的大部落，民國59年因芙安颱風肆虐，集體遷至東河國小附

四面環山、傳統原始的瓦祿部落，是東河村最具代表的原住民部落。

近，而今舊部落僅剩兩戶人家，其中一戶就是著名的「石壁染織工作坊」。工作坊的主人林淑莉本是平地漢人，嫁來石壁之後，開始學習傳統的泰雅織布，不但織出了泰雅傳統代表祖靈之眼的菱形圖紋，也帶領著社區的婦女重拾染織技藝，把祖先的智慧傳承下去。

東河村自然景觀渾然天成，石壁景緻雄偉壯觀。

## 向天湖矮靈祭

傳說百年前，此地有一大湖泊位於山頂，賽夏族人見該湖彷彿仰望天空，而稱之為「啦喏姆萬」，也稱「仰天湖」。因地勢較高，每當秋冬之際，霧氣瀰漫、山嵐縹緲，彷如仙境。初春時節，櫻花盛開，粉色桃紅點綴著湖光山色，十分美麗。族人最重要的慶典，每兩年一小祭、十年一大祭的「矮靈祭」，即在此舉行。

矮靈祭在賽夏族母語中稱為「巴斯達隘」，通常在小米收穫之後，稻米已熟但未收穫時舉行，每兩年一小祭，每十年一大祭，是賽夏族人心目中最重要的祭儀活動。

海拔700多公尺的向天湖，
四面山巒圍繞，盆地景緻怡
人，生態資源更是豐富。

神仙谷位於風美溪和比林溪
交會溪谷中，有著鬼斧神工
的岩壁水景，上下岩層落差
30公尺，大量瀑水自岩床奔
瀉流下，美麗又壯觀。

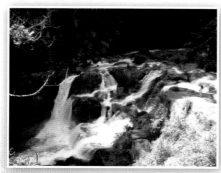

## 蓬萊護漁步道

　　蓬萊溪串流於南庄山野間，兩側陡峭的山巒、巨石與交錯的山水，構成美麗的天然奇景。然而近年來由於交通工具的便利，每逢假日便有大量遊客湧入，河床遭受嚴重污染，自然生態亦隨之受到破壞。為維護河川生態，從民國79年起，南庄鄉全鄉總動員，積極推動護漁計畫，藉由封溪保護漁群，希望為後代保留一個天然原始的生態教室。

　　護漁計畫在鄉民的積極參與下，果真成果顯著，苦花魚奮力躍出水面的畫面終於再度重現。而社區護漁巡守隊所行走的蓬萊溪沿線步道，如今也成了熱門

的健行去處。這項護漁計畫,使蓬萊溪獲得充分的休養,兩岸的自然生態與景觀得以快速恢復,達到最有成效的保育地標,其成效與成果,皆為其他溪流保護的典範。

## 突破危機・重建新思維

原本已漸走下坡的東河村,卻又經過一連串的天災侵襲,有著屋漏偏逢連夜雨的慘狀,對這萎靡不振的傳統農村,造成極大的傷害;先是驚動全台的九二一

東河村能保有純淨自然的景緻,守望相助護漁巡守隊功不可沒。

## 瓦祿工作坊

向天湖除有天然景色與原始慶典外,還有與「石壁染織工作坊」有同工異曲的「瓦祿工作坊」,不同的是「石壁染織工作坊」傳承著泰雅文化藝術,而「瓦祿工作坊」則致力於賽夏族的編織藝術。

「瓦祿工作坊」的負責人朵細・馬幸並不是賽夏族人,她是來自桃園縣復興鄉的泰雅族人,是個專製西服、女裝的女裁縫師,十七歲嫁入東河村成為賽夏媳婦。雖然當時賽夏族的傳統織布技藝已沒落多年,但民國84年在一次傳統工藝集訓的接觸後,開始了朵細・馬幸的賽夏族傳統藝術創作,遂於民國85年成立「瓦祿工作坊—賽夏編織工作室」,同時以「雷女」為藝術創作之根源。

「雷女」為賽夏族人的代表圖案,即紅、白、黑三種顏色、兩道閃電交錯的圖案。傳說以前有個非常有神力的人叫「雷女」,當人們需要土地耕種之前,她就會持刀在地上釘上四個角,然後以雷電擊地,馬上即可耕種農作,賽夏族人為了紀念雷女,即以此圖案為族人之代表。十幾年來,朵細,馬幸充份運用「雷女」的圖案,設計出各式各樣的賽夏族編織作品,賦予賽夏編織全新的造型、色彩、圖紋與生命。

「雷女圖」為賽夏族人的代表圖案,即紅、白、黑三種顏色、兩道閃電交錯的圖案。

大地震，之後又遭遇艾莉颱風引發嚴重土石流，居民生活與產業受到嚴重打擊。

雖然遭受一連串打擊，東河村民仍勇敢面對，更進一步尋求產業型態轉變。自民國91年起，東河社區便積極展開重建計畫、推動部落營造工作。其中最顯著的成果，就是「瓦祿產業文化舘」。

瓦祿產業文化舘前身原是東河村內的地方派出所，最初興建於大正13年(1924)，後來國民政府來台，就地進駐警力成為地方派出所，直到民國73年新派出所成立，這棟舊派出所逐漸成為廢墟。民國91年，東河社區發展協會一群熱心志工，深深覺得此建築物具有特殊時代背景，相當值得保存，於是透過鄉公所向原民會提案保留再造，而於民國94年完工。「瓦祿產

這棟破舊的日式建築，就是瓦祿產業文化舘的原始建物。

業文化舘」從外部景觀到內部裝修，
皆由部落族人自力營造，日本色彩濃
厚，為現今東河村最明顯的地標級建
物。

　　除此之外，東河村居民亦致力保留社
區原有的文化、產業、自然景觀與生態等資源，例
如：礦業文化、原住民的歌舞與編織等藝文工作坊、
客家與原住民之傳統美食、原住民傳統祭儀（包括
賽夏族巴斯達隘祭典、祖靈祭、鎮風祭、泰雅祖靈
祭等，結合休閒新概念，將之轉化為精緻產業與休閒
文化。近年來，更有不少東河青年紛紛回鄉創業與追
夢，有人專攻農業生產經營，有人研究編織藝術，另
還有人從事地方文史紀錄，傳承著珍貴而多元的東河
風情。

「瓦祿產業文化館」是由日本
時期老派出所改建而成，外部
景觀及內部裝修皆由部落族人
自力營造，配合建築風格，日
本色彩濃厚，為東河村最明顯
的地標級建物。

# 休閒農業的農村

隨著農業生產功能的降低，
台灣的農村也隨之逐漸轉為結合休閒及觀光的產業，
尤其在觀光據點交通路線附近之農村或山村最為明顯。
農民們一方面利用當地天然環境，
一方面將傳統農村生活型態及習俗再包裝，
創造出以自然生態環境體驗為主的休閒旅遊方式；
再加上媒體的報導及宣傳，
規模大小不等的休閒民宿在各地逐漸發芽，
一種全新體驗的農村產業儼然成型。

## 冬山鄉珍珠村

宜蘭縣

### 創意無限的特色農村

　　冬山河流貫其中的宜蘭冬山鄉珍珠社區，總面積約250公頃，其中一半以上的土地種植水稻，種植面積廣達136公頃，田園美景成了社區的特色景觀；而緊臨的冬山河森林公園，更豐富了社區的自然資源。透過社區協會的推動，珍珠社區結合地方文化，發展出竹圍民宿、稻草工藝、風箏DIY、蔬菜冰品風味餐等四大特色產業，成為全台熱門的休閒勝地。

### 獨具創意的文化產業
#### 1.竹圍民宿

　　早期蘭陽平原的農村建築為了防盜、防颱，在房屋的周圍種起密密的竹子，稱為「竹圍」，成了古早農村的特色景觀，也呈現了當時宜蘭人的生活方式與社會環境。然而，隨著時代變遷，竹圍幾乎消失殆盡，為重現舊有的竹圍景觀，珍珠社區致力於竹圍的人文保存與發揚，目前計畫將社區現有的十五座竹圍發展為民宿，作為當地未來的發展重心，並配合自行車道連結親水公園等，希望帶動全鄉休閒新契機。

珍珠社區將早期農村常見的草垺、稻草人等，加上創意及活潑現代的色彩，成功塑造當地特色。

## 2.稻草工藝

近年來，珍珠社區將農村內隨處可見的稻草，轉化成藝術品，成為珍珠社區文化發展重心。為了將稻草文化多元化，珍珠社區發展協會前任理事長李後進，以稻草為材料，不斷研發創新各種藝品，如稻草畫、稻草面具、稻

稻草面具結合了舞蹈表演，無論是藝術性或創意，都更上層樓。

草浮雕面具、稻草娃娃、稻草編織等，賦予稻草新的生命。此舉不僅將原來被視為農作廢棄物的稻草，轉換為文化產業的材料，同時也減少燃燒銷毀稻草所造成的污染，可說是相當具有環保精神。更特別的是，李前理事長還特別聘請對舞台造景有豐富經驗的黃建達先生為顧問，利用稻草面具發展出獨特的面具表演劇團，讓稻草文化不只是工藝品，更躍上表演藝術的舞台，期盼以這樣的創舉，為社區帶來嶄新未來。

各式各樣以稻草為材料研發的工藝品，賦予稻草新生命。

## 噶瑪蘭的故鄉 ── 珍珠里簡

珍珠社區古稱「珍珠里簡」，為平埔族噶瑪蘭三十六社之一。「珍珠」之名由來有二，其一為據說珍珠社區早期有一港口，常有船隻來往於東南亞等地，每每帶回許多珍珠、瑪瑙回到社區，港口附近均能輕易撿到珍珠、瑪瑙，因此有了「珍珠」之名；另一說法為「珍珠里簡」乃噶瑪蘭語的「燒酒螺」，由於早期沒有環境污染，境內的田地及水溝常見「燒酒螺」蹤跡，因而得名。

為強化地名意象，社區橋上護欄畫有白色圓球，呈現如珍珠項鍊的視覺效果。

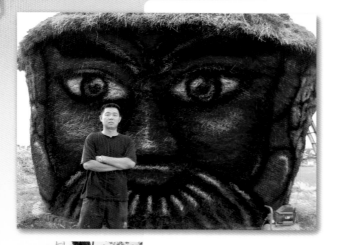

除了小型工藝品，稻草也成了地景藝術。民國90年9月8日，珍珠村匯集鄰近社區民眾計八百人，在社區活動中心旁，同心協力用稻草堆疊成兩座高7公尺(約兩層樓半高)的大草垺，並稱之為「草垺王公」。堆疊完成後，由黃建達設計師及其助手進行彩繪，畫上當地兩大廟宇聖福廟與進興宮所供奉的開漳聖王與古公三王，這樣的結合，是信仰，是文化，也是藝術。

草垺王公由八百多人用稻草堆疊完成，並由黃建達設計師及其助手進行彩繪，成為當地耀眼的地標。

### 3.風箏DIY

在沒有電視、網路等娛樂設備的從前，農忙之後，在田野放風箏是冬山鄉民共同的甜蜜記憶。因此，冬山鄉推動風箏文化不遺餘力，堪稱是「風箏的故鄉」。而位處冬山鄉的珍珠社區為推廣風箏產業，力邀風箏大師李後瑞老師及林錦崑老師親自到社區教授風箏製作，並將社區活動中心改建為「風箏體驗館」。來訪的遊客除了參觀體驗館，認識各式各樣的風箏及背後的原理外，同時可以參與風箏製作，體驗

珍珠社區極力推廣風箏文化，教導遊客自行製作風箏。

「紮、繪、糊、放」四大風箏製作步驟，也就是從剪裁、上色一直到組裝，全都自行完成，之後，還能體驗自製風箏飛上天空的特殊經驗。早年飛揚在蘭陽平原的風箏文化，因此得到傳承與發揚，也為社區帶進觀光。

做完風箏，還能體驗在田野間放風箏的樂趣。

## 4.蔬果冰品風味餐

　　珍珠社區創意無限，創造了獨一無二的創意產業。他們獨創口味特殊的「人生五味冰」，有酸酸的酸梅冰、甜甜的桑椹冰、苦苦的苦瓜冰、辣辣的辣椒冰、澀澀的檳榔冰，是全台僅有的美食，新鮮又稀奇的滋味，嚐過的人皆印象深刻。此外，他們更以社區的「珍珠」之名，推出「珍珠特色餐」，如珍珠米飯、珍珠丸子等，再結合宜蘭鄉土美食，同樣展現創新且絕無僅有的美食風貌。

珍珠社區獨家研發酸、甜、苦、辣、澀五種口味的冰品，令吃過的人難以忘懷。

## 鐵馬探訪自然生態

　　珍珠社區內有冬山河流經，冬山河兩岸設有完善的自行車專用道，讓遊客可以輕鬆悠遊於冬

山河畔。從冬山火車站至親水公園附近五結大閘門之間，沿路景色秀麗、風貌自然，處處生機無限、綠意盎然。車道兩旁種植著瀕臨絕種的護堤植物——風箱樹，而冬山河畔，以及村中圳溝裡更可見到各式各樣的水生動植物。村中水田、沼澤，每逢候鳥季節，常見鳥兒蹤跡，如小白鷺、牛背鷺、夜鷺、蒼鷺、棕背伯勞、紅冠水雞、白腹秧雞、高蹺鴴、小環頸鴴、鷹斑鷸及濱鷸等，是個賞鳥好所在。

## 噶瑪蘭文化遺跡

珍珠社區為平埔族噶瑪蘭人聚落，擁有豐富的人文歷史。現在社區裡最古老的寺廟——「聖福廟」旁有兩塊石板，是過去噶瑪蘭族的文化遺跡。石板所在地為早期噶瑪蘭人居住之地，從前冬山河舊水道(今珍珠橋所在位置)流過此地，常有居民無故跌入河中溺斃。

珍珠社區內的自行車道蜿蜒在冬山河岸，沿路景色秀麗風貌自然。

珍珠社區是噶瑪蘭人聚落，社區內供奉觀音的聖福廟（下圖）旁，有兩塊象徵噶瑪蘭祖靈的阿立祖（左圖），是見證過去噶瑪蘭族的生活遺跡。

於是，村民立了兩塊石板作為「阿立祖」（噶瑪蘭族的祖靈祭祀象徵），並刻上「阿彌陀佛」祈求平安，據說，自此再也沒有意外發生。村民感念佛祖的保佑，便在原地建廟(即聖福廟)，並敬奉觀音佛祖。

## 創意文化，永續珍珠

珍珠社區能成功的將傳統產業與文化休閒化，有賴社區總體營造的導入。社區居民不但團結合作，同時擁有良好的組織運作(如珍珠社區發展協會)與企業精神。他們成立社區工作團隊，經常辦理職前與在職訓練，提昇團隊的工作技能與服務品質，不斷自我要求與改造。再加上社區人才輩出，如在美術及風箏製作方面專精的李後瑞老師等人，成了地方發展的重心與資源。當然，最重要的還是居民具有共同的理念、向心力與努力，才能展現如珍珠般的傲人光芒。相信這顆「珍珠」將繼續發光發亮，永續發展。

# 觀音鄉樹林村

桃園縣

## 朵朵蓮花開出綠色奇蹟

桃園縣觀音鄉是個濱臨台灣海峽的典型農村，曾經是桃園縣最大的農業鄉，居民多以農漁業為主，毛豬及稻米產量分別高居全縣第一、第二，而西瓜產業更是聞名全台。而今，雖然傳統產業不再，但在政府推動週休二日後，觀音鄉改植蓮花達40公頃，儼然成為蓮花故鄉，與台南縣白河鎮共享「北觀音、南白河」之美名。

觀音鄉裡的樹林村更是全鄉休閒產業發展的起點與重心，樹林村除種植賞心悅目的蓮花外，還推出蓮花相關活動，以及蓮花特色商品、餐飲與紀念郵票等，每當蓮花盛開的季節，攝影、休閒人潮絡繹不絕，成功的為觀音鄉打開休閒產業之門。

每逢夏季蓮花盛開時節，觀音鄉廣達40公頃的蓮花田，總吸引許多賞花民眾前來。

樹林村的農產品種類多樣，
除了蓮花，還有菱角。遊客
可下田親自體驗採菱角的新
奇滋味。

除蓮花產業，樹林村還擁有許多特色農作物，如草莓、蕃茄、有機蔬菜、向日葵、洛神花……等，同時村內豐富的埤塘、田野和水圳生態，也展現自然生命力，豐富了樹林村的休閒資源。

## 特色農產輪番上陣

樹林村種植的蓮花，不但數量多，而且種類多元。這裡除一般蓮花外，還栽植了子時蓮、香水睡蓮、大王蓮、娃娃蓮、大賀蓮、觀音蓮……等各具不同美感的蓮花，因此這裡全年皆是賞花期，每天都有美不勝收的視覺饗宴。

近來新引進的四角菱角造型
獨特，也是樹林村的特色農
產。

除了蓮花產業，樹林村還有許多其他特色農產品，依著時節輪番上陣。12～1月是蓮藕的盛產期，大片的蓮園讓遊客下田體驗採

除蓮花和特色農產品，樹林村還有羊肉、羊奶等牧羊產業。

蓮藕的新奇感受；12～5月為溫室草莓、蕃茄的採果期；5～6月有又香又甜的水蜜桃；6～9月便是最重要、最具特色的蓮花盛開；6～11月盛產有機養生蔬菜，與矮肥短的以色列小黃瓜；9～12月，四角菱角和洛神花登場，遊客同樣可以至田間體驗採果樂。此外，還有不受季節束縛、全年無休的牧羊產業，如羊奶、羊肉等相關產品。一整年豐富多樣的特產，值得遊客親自嚐鮮與體驗。

## 有得看還有得吃

除了視覺饗宴，這裡的美食饗宴亦不落人後。位於本村的吳厝楊家莊休閒農場，推出特有的蓮花、羊肉及鄉土風味餐，如荷香燻茶鵝、清蒸蓮子魚、蓮苗脆雙鮮、養生牧草蓮花烏骨雞、荷香蓮子魚羹、荷葉海鮮魚、荷葉飯、麻油蓮子羊南佛……等，莫不令人食指大動。另外，這裡還有自創風味的飲品，如各式羊

奶咖啡、羊奶奶茶，以及有健康概念的機能飲料，搭配自製的精緻甜點，真是難忘的好滋味！

## 大型活動推波助瀾

除了本身擁有豐富產業內容外，每年推陳出新的大型活動更活化了樹林村的休閒資源，吸引大量休閒人潮，達到行銷及推廣的目的。

樹林村每年固定推出「蓮花季」系列活動，就像客家桐花季一般，儘管每年的主題對象一樣都是蓮花，但內容、型態有所不同，因而能夠吸引遊客注目，並引發期待。

利用當地盛產的蓮子、蓮藕所烹煮的菜餚，巧妙搭配蓮葉、蓮花裝飾，就成了深具地方特色的蓮花風味餐。

細數歷年蓮花季活動，變化多端、內容創新，有的融入了音樂之美，像邀請「桃園交響管樂團銅管五重奏」於自然古樸的吳厝楊家莊演出，優美典雅的音

樹林村的蓮花種類繁多，其中大王蓮因葉片巨大，甚至可以讓小朋友坐在上面，深受大家喜愛。社區還曾舉辦「百人乘坐大王蓮」活動。

樂獲得在場觀眾莫大迴響；有的則結合人文風俗，像「九曲橋賞蓮燈」活動，搭配每年農曆7月15日的中元普渡、道教的中元節與佛教的盂蘭盆會，於中元節晚上在九曲橋上賞蓮燈、放水蓮燈、祈福，進一步讓活動充滿了人文氣息。

此外，還有「三馬遊田庄」活動，結合全鄉約十五家蓮園及農場，各自發揮創意與巧思，舉辦各式各樣的DIY活動，不分男女老少都同享了歡樂的動手做。

近來還有「百人乘坐大王蓮」、「千人蓮田焢窯」等深具在地特色、老少咸宜、充滿歡樂氣氛的大型活動。

## 全村一起動起來

樹林村最難能可貴的是，各式活動都是全鄉通力合作的展現，每個蓮園、農場和許多組織全都動員起來，卯足全力使活動效益

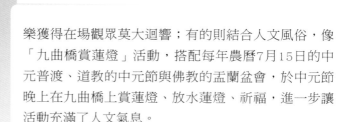

樹林村舉辦各式各樣有趣活動，成功的吸引許多遊客。右圖中的小朋友正在學習剝蓮子，上圖則在彩繪羊玩偶。

持續影響、繼續發燒。活動所吸引而來的人潮，發揮了極大的經濟效益，促使地方以原有產業元素結合創新風格，繼續動起來。村民們因此對未來發展更有信心、更有希望，而當地的環境也因此得到更大的維護與改善。

以蓮花休閒為主的觀音鄉樹林村，未來還將結合海岸線風力發電景觀，並發展水生植物生態休閒產業。目前，他們正努力維護埤塘、田野、農田及水圳景觀與生態，同時還要發掘舊有傳統文化特色，作為永續發展的根基，以期達到農村生活環境的復原，提升社區的生活品質。居民們深信，蓮花仍將年年盛開，繼續在樹林村展現生機無限的綠色奇蹟。

秋高氣爽的時節，在暫無耕作的蓮田舉辦充滿古早味的焢窯活動，好不歡樂。

# 三星鄉大隱村
## 宜蘭縣

### 精緻農業打造優質觀光

　　宜蘭縣三星鄉的大隱村位於蘭陽平原西側，地處中央山脈最北端，東倚羅東溪，北倚安農溪，境內有優美的山巒、遼闊的平原、潺潺的溪流、清澈的湧泉，天然資源豐富，景色優美。此外，本村與冬山鄉交界，且鄰近羅東鎮，交通便利，省道台7丙為村內主要交通幹道，因此成為前往太平山森林遊樂區、武陵、梨山等遊憩景點的最佳中途休息站。

　　由於自然資源與相關設施的完善與便捷，大隱村迅速開發出許多特色農產品，如上將梨、上將茶、青蔥、白蒜、有機米、銀柳等，成為典型的現代農村社區。優美的自然環境與優質農產品，再加上積極配合政府社區發展總體營造工作，如推動水車文化之鄉的田園景觀造景，組織上將梨產銷班、有機米產銷班等，使得社區發展相當活絡，優質休閒民宿也一一崛起，逐漸展現亮眼的農村休閒特質。

大隱村位於蘭陽平原，擁有優美的山巒、遼闊的平原，以及優質的農產品，瀰漫悠閒的農村渡假氛圍。

## 從大「穩」變成大「隱」

大隱村原名大埔，據社區耆老的說法，因早期常有人來這裡放牛，所以稱此地為「大埔」。早期蘭陽溪氾濫成災，許多住在地勢低窪的紅柴林(今三星鄉貴林村)及石頭城(今三星鄉行健村)的先民，因此搬遷到地勢較高的大埔，在這裡開墾土地，務農謀生。由於此地洪水不侵，後來，大家乾脆將大埔稱為「大穩」。

民國38年台灣光復後，政府針對行政區域和地名進行調查和修改，當地居民向政府申報為「大穩村」，可是內政部調查後發現，已有其他地方以大穩村為名，於是在未知會地方的情況下，就直接更名為「大隱村」，大穩就這樣成了大隱。

大隱村栽種的三星上將梨，運用現代農業科技，成功的在平地種植高冷地的品種，而且花期正好遇上宜蘭雨季，使得果實豐盈，汁多、味甜，果核細、口感清脆。

## 享譽全台的優質農產品

大隱村日夜溫差大，土層屬沖積平原，布滿石礫的土壤排水性極佳，又有來自當地的純淨水質及肥沃土壤，而且水利設施完備，各種作物皆有優良品質，其中青蔥、上將梨、上將茶、有機米，不但品質精良，產值冠全台，更被列為三星最具代表性的「四寶」。

產量高居全村之冠的有機稻米質Q味香，深受消費者喜愛；享有盛名的上將梨清香甜美、多汁、口感清脆，是優良的國產品牌水果；青蔥及白蒜產量約占全縣的二分之一，為全村重要經濟作物之一，品質優良，有「宜蘭蔥、水噹噹」的美喻；香氣

茶也是大隱村的重要農產
品，與玉蘭茶共享宜蘭縣
「當家茶」之稱。

濃郁、甘醇甜美的上將茶，與玉蘭茶共享宜蘭縣「當
家茶」之稱；另外，色澤鮮紅、花苞碩大的銀柳，大
多外銷國際，亦為當地特色農產品。

## 無限生機大隱於水

　　水為大隱村賴以為生的重要資源之一。大隱村境
內有羅東溪、安農溪等河川，還有非常普及的水利施
設，如黃鳳明圳、大埔圳、大坑排水、第四阿里史
圳、埔林圳幹線、大光明圳幹線等，這些水資源不但
澆灌出富饒的農業，也帶來休閒風潮。其中，安農溪
是最熱門的休閒去處。

　　安農溪屬蘭陽溪支流，日本時期稱為「電火溪」，

因為當時日本人在蘭陽溪上游設立水力發電廠，引安農溪水發電，發電廠排放的水流，為三星鄉灌溉主流，因而有了「電火溪」之名。安農溪泛舟為近來全縣最熱門的休閒活動，溪流湍急，驚險刺激，景色隨季節不同而變換，展現多樣迷人的風情。此外，安農溪沿線的自行車道也已規劃完成，遊人可騎著腳踏車，輕鬆享受沿路優雅的田園景緻。

## 地靈人傑的玉尊宮

廟宇是台灣農村的共有特色，大隱村除有四間土地公廟，還有供奉開漳聖王的昭靈宮、靖姑娘媽的靖靈

大隱村擁有相當普及的水利施設，隨著現代農村轉型，水車、水圳等設施也從農業灌溉轉變到現在與社區活動結合，朝向親水休閒風潮發展。

安農溪是三星鄉灌溉主流，也是近來熱門的休閒去處。

玉尊宮背山面海，景緻秀麗
壯觀，吸引絡繹不絕的香
客，也帶動旅遊風氣。

宮、中壇元帥的太子殿，特別的是，在與冬山鄉大進
村交界處還有一座草湖玉尊宮，是台灣道教總壇。

　　玉尊宮背山面海，景緻秀麗壯觀，前望可見孤懸海
中的龜山島，好似巨龜前來獻瑞。此外，廟的左右各
有自然天成的七座鐘鼓形山丘，好似七星護廟；而山
巒景緻有如龍鳳飛來之姿，據說具瑞祥之氣。這樣的
天然美景與地理脈穴，吸引了絡繹不絕的香客，以及
許多休閒人潮，也成為帶動地方發展及旅遊風氣的一
項因素。

### 農業與觀光相互提攜

　　在傳統農村尋求變革的今天，休閒服務為未來發展
趨勢。三星鄉大隱村原本即擁有優美的自然環境，加

大隱村的民宿擁有優美的景觀與宜人的住宿環境，是休閒渡假的好據點。

上現代精緻農業發展，以及社區營造的努力，深深具備了發展觀光休閒農業的優勢。大隱村以豐盛質優的傳統產業，作為發展觀光產業的基本架構，再以觀光帶動傳統農業，兩者相輔相成，穩定成長。

大隱村擁有精緻農產品，以及被田野環繞的悠閒民宿，農業與觀光相輔相成，深具休閒農業的發展特質。

## 台中縣 新社鄉馬力埔休閒農業區

### 香草芬芳的休閒農業之星

　　近來快速崛起的「馬力埔休閒農業區」，位處台中新社鄉，大致範圍為自中興嶺入口處沿台129線及社93線所形成之區域，已成為民眾週休二日的熱門選擇。新社鄉水資源豐富，氣候宜人、雨量適中，非常適合種植蔬菜與高級水果，原本即為台灣重要的蔬果產地。

　　近年來，在政府實施週休二日，推廣全民參與運動休閒的政策下，新社鄉以境內馬力埔、新二村、水井、大南等聚落，結合鄰近景點，成立「馬力埔休閒農業區」，致力於各式香草植物與花卉的栽種，各具特色的庭園餐廳紛紛崛起，休閒產業蓬勃發展，成功

新社鄉走上休閒農業之路，以境內馬力埔、新二村、水井、大南等聚落，結合鄰近景點，成立馬力埔休閒農業區，成功的由傳統農業轉型。

## 馬力埔休閒農業區導覽圖

# 台灣農民運動的起源地

台灣史上的第一起農民運動，是發生在日大正2年(1913)的「馬力埔事件」。當時，住在馬力埔庄一帶的客家先民，不滿日本總督府強制徵收大量農民的土地，而且徵收的價格極為低廉，非常不合理，使得馬力埔庄的農民幾乎無地可耕。於是，農民和日本警察爆發流血衝突。事件發生後，日本政府強力鎮壓，民眾因而對此事噤若寒蟬，也使得這段歷史鮮為人知。

新社鄉民將傳統農業融入了
休閒觀念，開設起一家家別
具風情的香草庭園餐廳或農
場。

地從傳統農業轉型，再加上豐富的歷史人文與自然生
態，造就了這個地區的獨特魅力。每逢假日，觀光人
潮不斷湧入，活絡了新社鄉的整體經濟，為當地帶來
新契機。

新社鄉近年來致力於各式香
草植物與花卉的栽種，營造
出遍地花海的壯麗景觀，吸
引大批遊客。

## 傳統農業吹起休閒風

在先天優渥的條件下，新社鄉擁有孕育農作物的最佳環境，是大台中地區重要的水果與蔬菜供應地，豐富的農產品包括了葡萄、枇杷、梨、水蜜桃等。其中香菇更是當地相當重要的農產品，目前產量約占市場的40%。在結合旅遊行程，以及產品創意行銷與推廣下，香菇已成了新社的魅力產品。

隨著週休二日的全面實行，國人旅遊風氣日盛，越來越多人開始重視休閒活動。原本以農業生產為主的新社小鎮，也搭上這班休閒順風車，配合政府的重建計畫，將地方上的各項產業資源往休閒方向帶動，促成當地傳統農業的轉型。

原本只是從事香菇、蔬果種植買賣的農民，開始融入休閒觀光農場的新觀念，規劃及設計綠化的庭園造景，營造出別具風情的特色餐廳。並且為了迎合現代人重視健康養生的觀念，各餐廳推出不同風味的香草料理與香菇大餐，讓民眾品嚐

新社的香菇產量極高，是當地的特色農產品，販售香菇的店家比比皆是，甚至形成了一條香菇街呢。

到創新及多樣化的料理，同時開放民眾參觀養菇場，親自體驗採香菇的農家樂趣。

## 跟著電線桿走就對了

由於特色餐廳與農場眾多，為了讓遊客可以輕鬆找到喜愛的餐廳，提升旅遊品質，新社鄉休閒農業導覽發展協會依照不同區域的特色，貼心的替遊客規劃了七條主題路線，並以七種不同顏色標示在沿路的電線桿上。這七條路線的主題分別是浪漫紫、熱情紅、柔情黃、愜意綠、嬌嫩粉紅、深邃藍與悠閒咖啡色，遊客可以依照自己想要的感覺選擇路線，然後順著電線桿的顏色走，就可以一路暢遊無阻了。

## 豐富的自然與人文景觀

新社鄉除了有豐饒的農特產品外，亦有豐富的自然生態景觀，因為這裡山多、地勢變化大，孕育了多樣的自然生態，山區除了多種保育動物外，還保留著原始的植物景觀，吸引了許多愛山的民眾前往享受山岳之美。

馬力埔休閒農業區規劃有七大主題路線，各條路線用不同顏色標示在沿路電線桿上，可以輕鬆暢遊不迷路。

此外，新社鄉境內的水資源非常豐富，除了提供民生用水及農業灌溉用水外，還能作為遊憩之用。新社鄉內的抽藤坑倒虹吸管，隸屬日本時期建設的白冷圳水利工程，是當時遠東規模最大的倒虹吸管，並被選為台中縣歷史建築十景之首。白冷圳抽取大甲溪水，以巨大的吸管翻山越嶺，將水送到新社、和平、石岡等地灌溉。

新社鄉境內的水資源非常豐富，擁有多元的水生生態，可作為知性自然體驗。圖為中和親水公園。

除了白冷圳，新社鄉境內還有食水嵙親水公園、中和親水公園等，生態也極為豐富且多元。為了讓遊客深入體驗了解，當地也編製了《食水嵙溪生態導覽手冊》，帶領遊客進入蟲鳴鳥叫的原始生態環境中。

## 觀光休閒品質再升級

馬力埔休閒農業區物產豐富、山明水秀，並緊臨台中大都會區，極為適合發展各式休閒產業。村民善用當地豐富的山野美景以及食水嵙溪的生態景觀，以創意的包裝行銷手法，將在地農業轉型升級，朝休閒觀光的方向發展。

不過，由於新社鄉位於山區，交通受到地形、地勢的影響，聯外道路建設不夠完備，假日經常人潮洶湧。如何消化源源不絕的觀光客，提升旅遊品質，讓來訪的遊客都能留下美好印象，朝向更為精緻的觀光休閒農業發展，將是社區未來要努力的方向。

新社鄉內的抽藤坑倒虹吸管，是當時遠東規模最大的水利工程，以巨大的吸管翻山越嶺，將大甲溪水送到新社、和平、石岡等地灌溉。

# 台東縣 池上鄉萬安村

## 純淨和諧的有機世界

說到台灣好米，大家總會想起台東「池上米」。台東縣池上鄉座落於中央及海岸山脈之間，新武呂溪自西南方蜿蜒而過，沖積成土地肥沃、水質豐沛的「大坡池」平原，水稻是當地最重要的作物。

池上鄉海拔200多公尺，日夜溫差大，加上先天地形的優勢，擁有比其他地方約多出兩小時的日照時間，稻子的生長期較長；再加上當地空氣清新、水豐地美，純淨無污染，在這樣先天條件下所生產的稻米，品質相當優良。

池上鄉的重要米倉來自萬安、錦園、富興和振興等社區，其中，又以萬安村的有機米最具代表性，有「總統米」、「冠軍米」等美喻。萬安村除生產及行銷優質有機好米外，並將傳統產業結合現代人喜好的休閒風，發展出如知名的「蠶桑休閒農場」、「稻米原鄉館」等。此外，還結合特色民宿，為池上鄉這塊農業寶地，奠下農村休閒的良好基礎。

萬安村位於土壤肥沃、水質豐美的大坡池平原，擁有得天獨厚生產稻米的環境。

## 獲得認證的有機米

池上鄉民大多務農，民國60年，池上米參加農業改良場比賽即獲得肯定，榮獲首獎。之後，經由行政院農業委員會辦理的「良質米產銷計畫」的輔導，種植出來的「池上米」從此大受好評，聲名大噪。由於池上水田富有黏質土壤，又擁有獨立水源，近年來，在政府大力推動有機米栽種的風氣之下，池上鄉採用自然農耕法，並獲MOA(國際美育自然生態基金會)認證。其中，萬安村的有機稻米產量，約60甲之廣，一年二收成，年產量約800公噸，居池上鄉之冠，生產出的米粒，晶瑩剔透、香Q飽滿，享譽全台。

來到萬安村，看到這獨特的鷺鷥標誌，就知道這區稻田，正是有機米田。

## 回復生機盎然的大坡池

用優質池上米所烹煮出的「池上便當」，向來負有盛名，而便當內最原始的配菜，則為池上大坡池所產的蝦米。大坡池為花東縱谷平原主要的池沼，湖光山色、景色怡人，是池上最知名的旅遊景點。從前的大坡池，水質清淨，生產大量魚蝦，當時沿岸民眾多賴撈捕池中魚蝦維生，其中蝦米更是重要的經濟資源。

然而，大坡池經過多年的自然演化及人為改變，泥沼淤積、湖面縮減，不復往日美景與生機。當地民眾因感受到大自然的可貴，著手進行大坡池水質改善，

近年來，池上鄉推行自然農耕法，除不噴灑化學農肥料，連除草也以人工方式進行，獲國際美育自然生態基金會認證。

原本日漸淤積的大坡池，在大家的努力復育之下，成為體驗生態與休閒娛樂的好去處。

並擬定保育策略與生態復育，於是有了「大坡池生態遊憩園區」規劃構想。

村民們除了復育魚蝦，並種植許多水生植物，如菱角、蓮花、茭白筍、蘆葦、水柳等，吸引數十種野鳥棲息，也成為休閒遊憩的好所在，遊客可以來這裡垂釣、散步、賞鳥、騎單車、放風箏、撐竹筏、划獨木舟……等，非常愜意。這樣的休閒風，不但為大坡池天然溼地找出一條永續經營的路，更影響了池上鄉的休閒觀光、整體發展及經濟來源。

## 閒置倉庫變成農業展示館

萬安村是整個池上鄉稻米文化的重心，為了積極發展有機米及休閒產業，經過政府輔導及地方文史工作者的努力運作，將正好位於萬安社區入口的池上鄉農會肥料倉庫，整建為具有休閒與教育意義的「稻米原鄉館」。稻米原鄉館不但是萬安社區休閒活動中心，也是民眾旅遊諮詢的據點，更是東部稻米文化的重要展示場所。

以倉庫改裝的稻米原鄉館，內部以典雅古樸的農村風味佈置，展示農業相關文物，並提供當地有機米、客家米食等特色產品販售。

稻米原鄉館的裝潢設計具有濃厚農村風味的意象，如拱型門窗、紅磚等建築形式，並且搭配古樸的木刻詩詞、繪畫、照片等。館內的展示內容結合了地方特色與稻米文化，除陳列過去農業時代的農機具，還詳介了池上有機米的耕種及發展過程。同時，為效法先人勤儉樸實及廢物再利用的精神，更將原有拆卸的大門，改造成其他器具使用，讓稻米原鄉館從外觀到內涵，完整呈現農業社會的生活景象與勤樸古風。

萬安村的有機米產量居池上鄉之冠，有「總統米」、「冠軍米」的美稱。

除靜態的展示，稻米原鄉館也販售當地的優質有機米，以及美味的客家米食。萬安村的客家人約占70%，因此別有風味的客家米食也是稻米原鄉館發展的重點之一。在地方有機米產銷班及社區媽媽教室的合作推動下，到訪的遊客除可體驗早期農村文化，以及了解池上米的改良過程外，還能品嚐最有機、最特別的客家米食，擺脫商人層層的剝削，以精緻好米創造更大收益。此外，稻米原鄉館也結合社區及學校，開發「米染」、「米畫」等創新的活動，將產業、藝術與娛樂結合在一起，為稻米文化找到全新的、另類的發展。

池上蠶桑休閒農場最知名的，就是自創研發的「平面繭」，突破五千年來的養蠶取絲方式，蠶寶寶不再「作繭自縛」，而是直接在一片片的平面上吐絲。

## 養蠶工場化身休閒中心

「池上蠶桑休閒農場」原為土地銀行設立的「池上蠶桑示範場」，以自給自足方式經營蠶桑業。農場最知名的，就是自創研發的「平面繭」，改變五千年來的養蠶方式，這裡的蠶寶寶不再「作繭自縛」，而是直接在一片片的平面上吐絲，製成的「蠶織平面

池上蠶桑休閒農場入口處有巨大的蠶寶寶雕塑，清楚標示出農場的主題。

繭絲被」，被譽為「五千年來第一被」。

近年來，隨著休閒觀光意識的提昇，蠶桑示範場轉型為休閒農場，為讓遊客一睹蠶寶寶獨特的平面繭吐絲過程，刻意保留養蠶展示中心，闢設蠶寶寶生態區、蠶桑解說教育館等供遊客參觀，並且由農場人員進行解說，讓遊客深入了解蠶寶寶僅約五十天的生活史。另外，展示中心還提供遊客DIY體驗，以蠶繭製作各種花卉及小動物等手工藝品，既有趣又富教育意義。

除主打蠶桑休閒產業外，池上蠶桑休閒農場也提供住宿、餐飲及蠶絲被、農特產展售，還種植大片的葡萄柚、白柚等果樹，讓遊客享受採果樂。此外，在生態意識抬頭的今天，農場也跟上時代腳步，規劃樹蛙及螢火蟲生態區，讓到此一遊的客人，除了解蠶桑產業、欣賞四周天然景緻，還能感受自然生態的美好。

## 沈寂的燒磚產業再活化

列為台東縣歷史建物的萬安磚窯，占地1.5甲，建於民國43年，為萬安最古老的磚窯，屬於荷蘭型的「目仔窯」，原有十九個窯洞。萬安磚窯多以漂流木或廢木料為主要燃料，以人工製作生產，燒製出的紅磚硬度極高，品質勝過新式自動化窯所產製的磚塊，然而，其成本遠遠高於自動化窯，最後不得不於民國78年停工。

萬安村為了結合村內的教育與休閒產業，將在地震中損毀的萬安磚窯修復了五個窯洞，不但保存了這項珍貴文化資產，同時將舊有文化發展出特色休閒產業。萬

萬安磚窯為台東縣歷史建物，因有一個個的窯洞，屬於「目仔窯」。目前開放遊客體驗自行燒磚的樂趣，讓沈寂的產業活化。

萬安村裡的禾鴨園，呈現一個自給自足的完整生態系統，宛如萬安村民與大自然和諧共存的縮影。

安磚窯現在開放遊客動手燒窯，藉此認識古老產業，並親自燒製一塊專屬自已的磚瓦，極富紀念性。這樣的產業體驗，為傳統農村帶來更多觀光契機。

## 自然和諧，無限生機

　　由於萬安村推行自然農法有成，社區居民逐漸懂得重視生態、愛護自然。在農委會的輔導下，村內設立「禾鴨園」，呈現一個自給自足的完整生態和能量循環系統，邀請所有生物一同生活在這片好山好水。從中，我們可以看到萬安村民對土地、自然的尊重，以及永續經營的態度，這小小的禾鴨園，宛如萬安村民與大自然和諧共存的縮影。

　　鄉間野趣、自然生態、特色民宿以及得天獨厚的好山好水，一趟休閒多種體驗，萬安展現多元休閒風，為整個池上鄉帶來無限生機。

南投縣

# 水里鄉車埕村

## 小小車站，大大有名

「到過南投縣水里鄉的遊客，絕大多數都到過車埕一遊！」這句話說出了車埕村民的最大驕傲！車埕村四面環山，東有松柏崙山、西有集集大山，另外還有水里溪流貫其間，有山有水的農村景緻極為優美宜人。村落居民多數務農，主要農作以梅子、橘子、香蕉、檳榔等雜作為主。鄰近景點有集集綠色隧道、大觀發電廠、明潭發電廠、日月潭等。

車埕村的規模相當小，人口只有690人左右，但是在以木業與鐵道文化作為觀光發展主題後，卻像塊超級大磁鐵，每年吸引超過六十萬的觀光人潮，並且年年刷新紀錄締造佳績，成為水里鄉目前最炙手可熱的觀光勝地。

## 曾因鐵道而繁華

車埕的開發歷史相當早，在日本時期就有日商看中車埕的好山好水，前來當地開發，種植甘蔗煉糖。為了方便運輸數量龐大的糖，日商在大正5年(1916)自

車埕是台鐵集集支線的最後一站，在當地居民的攜手努力下，帶動車埕的觀光發展，讓原本沒落的小村莊再現人潮。

166

## 車埕村導覽圖

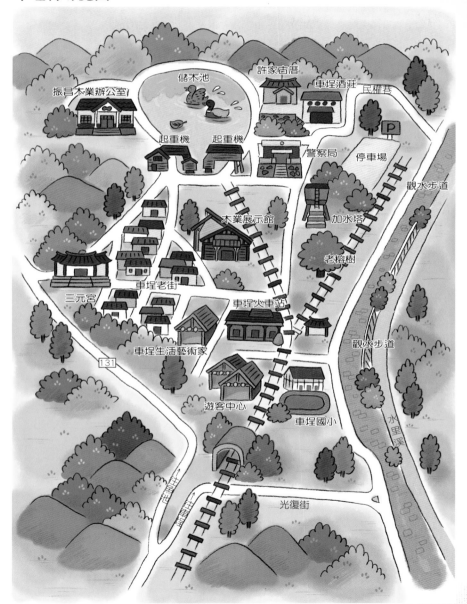

運送木材的輕便車軌道，今天還能在車埕村裡看到。

這片水池過去是浸泡原木的儲木池，現在成了野鴨成群的生態池。

費鋪設一條輕便車軌道，這條輕便車軌道在運輸物資之餘，也成為水里、埔里一帶居民的對外交通要道。大正8年(1919)，日本人在水里興建大觀發電廠，輕便車軌道無法負荷沈重且龐大的建材運送需求，於是日本人從二水到車埕鋪設了全長29.7公里的鐵道，也就是現在的台鐵集集支線。位於終點的車埕，因此也有「最後的火車站」、「最美麗的小站」別稱。

具備水、電、交通等工業發展條件後，車埕山區豐富的林木資源開始吸引木材商前來。民國48年，振昌木業在車埕設立，興盛的伐木、木材加工等開發活動，讓車埕到處可見工人、技師、商人來來往往，原本安靜的小村莊，呈現熱鬧繁華的景象。由於村裡每天都有上百輛的運糖輕便車，以及好幾班運送物資的火車停靠，因此這裡便被稱為「車埕」(台語「停車場」之意)。

振昌木業於民國48年在車埕設立，開發山區的林木資源，使得車埕一度繁盛興旺。圖中為當時原木搬運作業情況。

然而，當山林資源被開發迨盡，政府也公告全面禁止伐木後，木業蕭條，車埕也因而隨之沒落，再度回復寧靜的農村生活，運輸用的輕便車軌道及鐵道，也繁華落盡，沈寂在荒煙蔓草中。

## 再造鐵道與木業文化風情

到了民國88年，政府推動綠色產業政策，車埕社區發展協會理事長，同時也是振昌木業的第二代老闆孫國雄，在一連串的參訪活動後，激發了在車埕發展觀光產業的念頭。雖然有些保守派人士並不看好，但在與發展協會會員達成共識之後，大家開始著手成立文化工作室，邀請文史作家帶領尋找思考車埕村可作為觀光產業的資源。之後，決定以鐵道和木業作為發展觀光的兩大主題，同時結合農委會、觀光局、勞委會等公部門資源，全力營造車埕的觀光產業。

為了以鐵道和木業文化作觀光主題，大家開始動手整理已經荒蕪的鐵道、木材場等相關文物與建築。當時社區缺乏足夠經費，有的就只是一群五、六十歲、辛苦付出不求回饋的老志工，大家都抱持著能做多少算多少的心態，每個人捲起袖子、拿起工具，自己動手敲敲打打、釘釘槌槌，將人力車、蒸氣火車加水塔等鐵道文物復原，並將振昌木業的舊辦公室改為木工教室、荒廢的木材場倉庫作為美食和文化廣場等。一年後，在這些志工的努力下，車埕呈現出令人驚艷的鐵道與木業文化風情。

廢棄的木材場倉庫，被重新整理利用，化身為文化產業與美食廣場。

現在雖然已經沒有蒸氣火車，但車埕仍保留了相關的鐵道文物，讓人懷想當年的歲月。圖為蒸氣火車的加水塔。

車埕車站於民國88年因九二一大地震損毀，之後由日月潭國家風景區管理處以原木重建完成，藉以彰顯當地過去木業的興盛。

車埕觀光產業做得好，都要歸功於社區志工們。他們分工細膩，各自在企劃、行政、交通、解說、環境整理等工作崗位上恪盡職守，並且合作無間。經過大家的共同打拚，現在車埕社區發展協會是全國少數可以付給志工津貼的社區組織，行有餘力時還能回饋給社區老人會、守望相助隊、國小、低收入戶等。

## 年輕人回鄉，創意再提昇

　　推動觀光產業小有成就後，燃起村民對自己故鄉的熱情與希望，帶動年輕人回鄉加入陣容，老少共同腦力激盪，創意成果更加非凡。他們將果樹產銷班轉型為酒莊；讓遊客自己動手的木工DIY內容，從一張小板凳衍生出書架、筆筒、休閒桌、花盆等各式作品；創造出獨具

為了突顯車埕曾有的木材產業特色，振昌木業的舊辦公室被改裝為木工教室，開設木工DIY行程，讓遊客自行製作木椅、木筆筒、木花盆等，兼具知性與娛樂。

特色的木桶便當；將古早搬運貨物的人力車整理開放給遊客體驗，回味先人走過的歷史痕跡，處處展現絕妙創意。

在社區志工的創意下，開發出深具車埕木業特色的木桶便當，成為現在車埕炙手可熱的限量特色商品。

## 觀光與農業共存共榮

車埕村民深信，走上文化觀光是一條對的路。即便現在他們的努力已經獲得廣大遊客迴響，車埕村民仍有更大的企圖心，希望進一步增加經濟方面的收益。目前，他們正積極著手規劃整建木業展示館、餐廳、商店街、民宿等，希望能留住觀光客，促進地方產業經濟的發展。

儘管車埕努力發展觀光，但村民們仍維持著傳統農村的生活型態。大家都有共識，唯有維持農村樸實風貌及人情味，才能永續經營。他們相信，觀光與農業其實是可以共存共榮的，社區產業推動觀光，觀光人潮帶動農業銷售，是可以互利而不是互相衝突。

車埕正在整建荒廢的振昌木業廠房，讓它成為木業展示館，深化觀光產業內容，增加文化風貌。

# 萬榮鄉紅葉村

## 原始純樸的溫泉部落

　　這裡要介紹的紅葉村，並不是以紅葉少棒聞名的台東縣紅葉村，而是位處花東鐵路瑞穗站西側山麓的紅葉村。這裡是原住民部落，主要住民為太魯閣族及少數的布農族。以前這裡遍地楓樹，太魯閣族稱此地為「伊豆夫可樂南」，意思為「紅葉」，這便是村名的由來。

　　紅葉村內有紅葉溪流貫，為秀姑巒溪三大支流之一，水質清澈，魚蝦豐富。村內最有名的，就是被稱為花東縱谷三大溫泉之二的瑞穗溫泉和紅葉溫泉。村內還有9公頃未被開發的高山湖泊，保有原始生態風貌與豐富動植物資源，是座極佳的生態教室。此外，境內的原住民文化及手工藝品也非常精采。紅葉村不論是在自然生態、溫泉觀光或是原住民文化，都擁有相當豐富的資源。

位在山區的紅葉村，擁有天然原始的山野美景與動植物資源。

## 得天獨厚的溫泉資源

安通溫泉、瑞穗溫泉和紅葉溫泉號稱「花東
縱谷三大溫泉區」，其中瑞穗和紅葉溫泉都位
在紅葉村內。瑞穗溫泉較接近市區，因而被稱
為「外溫泉」，而靠近山區的紅葉溫泉則稱為
「內溫泉」。溫泉源於紅葉溪上游的虎頭山，
源頭高約1,745公尺。紅葉溪全長約14公里，
自台東蜿蜒流經花東縱谷，為台灣最長的溫泉
河流。

紅葉溫泉水質清澈、無色無
臭，為中性碳酸鹽泉，深受
遊客好評。

### 瑞穗溫泉

瑞穗溫泉的泉溫約48℃，屬於弱鹼性的氯化物碳酸
鹽泉，富含鐵、銅等礦物質，鐵質遇到空氣氧化後，
會在水面形成一層略帶鐵鏽味的黃濁色結晶物。

大正8年(1919)，日
本人就已前來開發瑞穗
溫泉，開設一間附有公
共浴場的日式旅館，名
為「滴翠閣」，光復後
由國人接手繼續經營。
滴翠閣為日式木屋造
型，是當時的高級渡假
旅館，目前還保留榻榻
米房間。這種木造溫泉
旅舍，在台灣已所剩無
幾，在此泡湯住宿，可
以感受別具風味的懷舊
氣氛。

紅葉溫泉旅社是
當地歷史最悠久
的溫泉旅館，至
今已有八十餘
載，原為日本時
期日本警察招待
所的公共浴場。

### 紅葉溫泉

紅葉溫泉水質清澈、無色無臭，泉溫約47～48℃，酸鹼值約pH7，為中性碳酸鹽泉。紅葉溫泉同樣也在日本時期就已聲名遠播，日本人在此設有警察療養所，光復後改為私人經營的紅葉溫泉旅社。時至今日，旅社的外觀仍維持著傳統的日式風格，連房間都還是舖著榻榻米的日式通舖，整個旅社洋溢著濃濃的懷舊風情。

### 江布南溫泉

江布南溫泉為紅葉村近年新興的泡湯區，泉水湧自紅葉溪下游，泉質含鐵，屬碳酸氫鹽泉，據說有助於皮膚過敏及慢性皮膚患者，還能滋潤、美白肌膚。

紅葉溫泉鄉，暖暖的泉水能讓人洗去塵埃，撫平疲憊身心，而周遭的自然美景，更能帶來無限活力。

紅葉溫泉旅社現仍保留日式建築風味，鋪設榻榻米的日式通舖，提供遊客懷舊東洋味。

## 將社區營造引入部落中

民國91年，紅葉村配合政府推廣社區總體營造，於部落會議中決定成立社區發展協會，以便積極推廣當地休閒觀光產業，並賦予協會旅遊資訊中心的功能。在地方組織與居民的共識下，紅葉村運用本身特有的自然與人文資源，並邀集各界有心人士，一同關懷、投入部落重建工作，慢慢走出自己的路，為整個社區注入了活力與生命力。

## 原味十足的社區藝術工作者

　　為了將社區特色與休閒產業結合，讓地方產業風貌更多采、多元，許多當地的文化與藝術工作者，都為社區貢獻出自己的所學與技能。

SA-ZI編織工作室：

　　身為太魯閣族的許美枝女士，從小在母親教導下，擁有太魯閣族最引以為傲的編織好手藝。因恐先人的傳統技藝在現代文明中漸被淡忘，於是成立編織工作室，教授部落下一代與外來遊客傳統編織手藝，希望讓美麗的傳統編織技藝光彩恆亮。

山人木雕工作室：

　　簡國昌、朱金榮與吳忠昌，三位來自不同族群(太魯閣族、布農族、阿美族)的木雕愛好者，因藝術而結緣，共組木雕工作室，為當地添增了更多活力與藝術色彩。

紅葉社區發展協會在村裡成立充滿原住民風味的「高腳屋餐廳」，不但增加部落同胞的就業機會，也提供來訪遊客美食與特色原住民手工藝品。

在高腳屋餐廳用餐，不但可以一面享受餐廳裡的美食，還能一面欣賞門外的自然美景。

紅葉部落傳承傳統藝術，製作了結合編織與雕刻的藝品，展現原始特色的力與美。

### 阿GL杵臼工作室：

曾任萬榮鄉鄉民代表會主席的陳林宗義，對於先人取於自然、尊重生命延續的狩獵文化有著深刻的感動，連帶的對於先人使用的弓箭、杵臼等，也產生了使命感，於是成立工作室積極研究，以傳統方法研製出更精美的器具。民國93年，他還率領村內弓箭好手參加花蓮縣弓箭比賽，勇奪了團體與個人的雙料冠軍。

### 達道貝林木雕、奇石、奇木工作室：

達道貝林是一位熱愛藝術的身障藝術工作者，他的雕刻手藝精湛，是全國藝術比賽中的得獎常客。除了創作，他也酷愛收藏藝術品，如各種奇石、奇木及古器等。他在部落裡成立「達道貝林木雕、奇石、奇木工作室」，將自己創作及珍藏的藝術品，分享給造訪遊客，讓大家一同來賞玩藝術之美。

## 深具潛力的溫泉休閒觀光區

紅葉村的資源多樣又豐富，其中天然溫泉是村內發展休閒觀光之主力。目前，花蓮縣政府已將紅葉村納入「瑞穗新溫泉區」之規劃範圍中，其中，瑞穗鄉占500公頃、萬榮鄉紅葉村占360公頃，且主要熱門溫泉點大多在本區，未來將可發展為溫泉休閒觀光區。

此外，紅葉村還擁有豐富的台灣原生動植物、原住民文化與美食，這些不可多得的寶，與得天獨厚的溫泉資源結合，將為這逐漸走紅的農村溫泉鄉，再添深度、多樣且豐富的休閒風貌。

這些雕刻作品是部落藝術工作者的作品，他們為社區增加了文化的內涵與深度。

紅葉村被納入「瑞穗新溫泉區」計畫中，未來將發展成具有前景的溫泉觀光區。

附錄

# 各農村社區發展協會網站

新竹縣北埔鄉南埔村
http://sixstar.cca.gov.tw/community/index.php?CommID=307

雲林縣林內鄉湖本村
http://sixstar.cca.gov.tw/community/index.php?CommID=734

屏東縣牡丹鄉旭海村
http://sixstar.cca.gov.tw/community/index.php?CommID=1454

彰化縣大村鄉平和村
http://sixstar.cca.gov.tw/community/index.php?CommID=3620

雲林縣台西鄉光華村
http://guanghua.tacocity.com.tw/

宜蘭縣蘇澳鎮白米村
http://bami.tacocity.com.tw/

屏東縣萬丹鄉崙頂村
http://sixstar.cca.gov.tw/community/index.php?CommID=1719

苗栗縣苑裡鎮山腳里
http://sjc.myweb.hinet.net/

台南縣南化鄉關山村
http://sixstar.cca.gov.tw/community/index.php?CommID=345

高雄縣茂林鄉多納村
http://sixstar.cca.gov.tw/community/index.php?CommID=3031

南投縣草屯鎮富寮里
http://sixstar.cca.gov.tw/community/index.php?CommID=469

台中縣石岡鄉梅子村
http://sixstar.cca.gov.tw/community/index.php?CommID=1795

南投縣埔里鎮桃米里

http://www.taomi.org.tw/

南投縣鹿谷鄉內湖村

http://sixstar.cca.gov.tw/community/index.php?CommID=619

嘉義縣梅山鄉瑞里村

http://sixstar.cca.gov.tw/community/index.php?CommID=2091

苗栗縣南庄鄉東河村

http://www.donghe.org.tw/walo1.htm

宜蘭縣冬山鄉珍珠村

http://www.jenju.org.tw/

桃園縣觀音鄉樹林村

http://sixstar.cca.gov.tw/community/index.php?CommID=1376

宜蘭縣三星鄉大隱村

http://sixstar.cca.gov.tw/community/index.php?CommID=1562

台中縣新社鄉馬力埔休閒農業區

http://sixstar.cca.gov.tw/community/index.php?CommID=3074

台東縣池上鄉萬安村

http://hipage.hinet.net/wanan/

南投縣水里鄉車埕村

http://60.248.119.25/

花蓮縣萬榮鄉紅葉村

http://sixstar.cca.gov.tw/community/index.php?CommID=486

附錄 **參考文獻及圖片來源**

## 參考文獻

- 富田芳郎，〈台灣的農村聚落型態〉，陳惠卿譯，1933，《台灣地學記事》第4卷第2期，第11-14頁；第4卷第3期，第18-24頁。
- 簡榮聰，《台灣農村生活與文物》，1992，台灣省文獻會。
- 謝弘俊，〈台灣農村社區產業轉型的困境與因應之聯想〉，2002。
- 莊素玉，〈力量來自人民——這是我們的好所在〉，2006，《天下雜誌》第353期。
- 維多，〈社造陽光照亮東港溪畔〉，2004，《書香遠傳》第8期，第6-9頁。
- 王俊豪等，〈台灣農村振興與鄉村發展之研究〉，2003，《行政院農業委員會九十二年度科技研究計畫研究報告》。
- 中華鄉村發展學會，〈國內外農村建設及發展經驗之研究〉，2004，《水土保持局研究計畫期末報告》。

## 參考網站

農村風情網　http://rural.swcb.gov.tw/
農業易遊網　http://ezfun.coa.gov.tw/
台灣社區通　http://sixstar.cca.gov.tw/

## 圖片來源

賴翠媛　全書除另有標註外，其餘照片均為賴翠媛小姐提供。
南埔社區發展協會　10、12、13(下)、14、15、19、27(下)、30、32、33、34、35
湖本社區林業工作團隊　36(上)、37、38、39、40、41
歐聖榮　36(下)
黃惠婷　42、43、44、45(上)、166、168(上、中)、169、170、171
朱嘉宏　11(上)、23、66、67、68、69、114、115、116、117(下)、118、119(左)、120(上)、121
平和社區發展協會　11(下)、22、27(上)、59(上)、62(上)
曹美華　45(下)
黃丁盛　50(上、左上)、129(下)、
徐傑立　51
旭海社區發展協會　52(下)、53(上、中)、57

## 插畫

● 24小時傳真訂購熱線：02-8667-1065、2218-8057、2218-1142
● 郵政劃撥19504465　遠足文化事業股份有限公司

每本定價：400元

WGE 06
台灣的珊瑚礁
何立德、王鑫 編著

WGE 07
台灣的河流
林孟龍、王鑫 合著

WGE 08
台灣的瀑布
何立德、王鑫 編著

WGE 09
台灣的國家公園
魏宏晉 編著

WGE 10
台灣的古道
王一婷 編著

WGE 16
台灣的老街
黃沼元 著

WGE 17
台灣的燈塔
李素芳 編著

WGE 18
台灣的古地圖
—日治時期
李欽賢 著 金炫辰 繪

WGE 19
台灣的漁業
胡興華 著

WGE 20
台灣的古圳道
王萬邦 著

WGE 26
台灣的碑碣
曾國棟 著

WGE 27
台灣的風景繪葉書
李欽賢 著

WGE 28
台灣的海洋
戴昌鳳 編著

WGE 29
台灣的茶葉
林木連等 編著

WGE 30
台灣的老齋堂
張崑振 著

WGE 36
台灣的舊地名
蔡培慧等 撰文

WGE 37
台灣的原住民
陳雨嵐 著

WGE 38
台灣的行政區變遷
施雅軒 著

WGE 39
台灣的國家風景區
陳永森、林孟龍 著

WGE 40
台灣的特殊地景
—北台灣
王鑫 著

WGE 46
台灣的市場
葉益青 著

WGE 47
台灣的地方新節慶
陳柏州、簡如邠 撰文

WGE 48
台灣的藝業
洪馨蘭 著

WGE 49
台灣的國家森林
遊樂區
楊秋霖 著 吳淑惠 繪

WGE 50
台灣的自然保護區
李光中、李培芬 著

WGE 56
台灣的老港口與
老碼頭
柯帕 著
寶島工作室 攝影

WGE 57
台灣的天然災害
林俊全 著

WGE 58
台灣的921
重建校園
羅融 著

WGE 59
台灣的養殖漁業
胡興華 著

WGE 60
台灣的古蹟
—北台灣
李泰昌等 合著

國家圖書館出版品預行編目資料

臺灣的農村 / 湯曉虞著. -- 第一版. -- 臺北
縣新店市：遠足文化, 民97.05
面； 公分. -- (臺灣地理百科；97)
參考書目:面
ISBN 978-986-6731-15-0(精裝)

1. 農村 2. 臺灣

431.48                              97007037

台灣地理百科97

# 台灣的農村

| | |
|---|---|
| 推　薦 | 王鑫 |
| 作．者 | 湯曉虞 |
| 插　畫 | 吳淑華 吳淑惠 |
| 總編輯 | 陳雨嵐 |
| 執行編輯 | 唐炘炘 |
| 本書特約執編 | 黃春華 |
| 本書特約美編 | 吳雅惠 張凱揚 |

| | |
|---|---|
| 社　長 | 郭重興 |
| 發行人兼 出版總監 | 曾大福 |
| 創業夥伴 | 楊基陸、黃樹錚、楊宗河 |
| 顧　問 | 黃德強 陳振楠 |
| 出版者 | 遠足文化事業股份有限公司 |
| | 地址：231台北縣新店市中正路506號4樓 |
| | 電話：(02)22181417 |
| | 傳真：(02)22181142 |
| | E-mail：walkers@sinobooks.com.tw |
| | 郵撥帳號：19504465 |
| 客服專線 | 0800221029 |
| 網　址 | http://www.sinobooks.com.tw |
| 法律顧問 | 華洋國際專利商標事務所　蘇文生律師 |
| 印　製 | 成陽印刷股份有限公司　電話：(02)22651491 |

定　價　　400元
第一版第一刷　中華民國97年 6 月

ISBN 978-986-6731-15-0
© 2008 Walkers Cultural Print in Taiwan